王小波　主编

中国海域海岛地名志

辽宁卷

海洋出版社

2020年·北京

图书在版编目（CIP）数据

中国海域海岛地名志. 辽宁卷 / 王小波主编. —北京：海洋出版社，
2020.1

ISBN 978-7-5210-0556-1

Ⅰ. ①中… Ⅱ. ①王… Ⅲ. ①海域－地名－辽宁②岛－地名－辽宁
Ⅳ. ① P717.2

中国版本图书馆 CIP 数据核字（2019）第 297520 号

主　　编：王小波（自然资源部第二海洋研究所）
责任编辑：杨传霞　赵　娟
责任印制：赵麟苏

海洋出版社 出版发行

http://www.oceanpress.com
北京市海淀区大慧寺 8 号　邮编：100081
廊坊一二〇六印刷厂印刷
2020 年 1 月第 1 版　2020 年 11 月河北第 1 次印刷
开本：889mm×1194mm　1/16　印张：14
字数：210 千字　定价：180.00 元
发行部：010-62100090　邮购部：010-62100072
总编室：010-62100034
海洋版图书印、装错误可随时退换

《中国海域海岛地名志》

总编纂委员会

总 主 编：王小波

副总主编：孙　丽　王德刚　田梓文

专 家 组（按姓氏笔画顺序）：

丰爱平　王其茂　王建富　朱运超　刘连安

齐连明　许　江　孙志林　吴桑云　佟再学

陈庆辉　林　宁　庞森权　曹　东　董　珂

编纂委员会成员（按姓氏笔画顺序）：

王　隽　厉冬玲　史爱琴　刘春秋　杜　军

杨义菊　吴　頔　谷东起　张华国　赵晓龙

赵锦霞　莫　微　谭勇华

《中国海域海岛地名志·辽宁卷》

编纂委员会

主　编：毕远溥　雷利元　席小慧　赵东洋

副主编：尤广然　吴英超　张　笑　田梓文

编写组：

自然资源部第一海洋研究所：赵锦霞　王颖玉

辽宁省海洋水产科学研究院：刘　明　龚艳君　孔重人

张　云　李轶平　付　杰

国家海洋环境监测中心：王权明　付元斌　李　方

杜　宇

辽宁省海洋环境预报与防灾减灾中心：孔　飞　许　鹏

前　言

我国海域辽阔，海域海岛地理实体众多，在历史的长河中产生了丰富多彩、类型各异的地名，是重要的基础地理信息。开展全国海域海岛地名普查工作，对于维护国家主权和领土完整，巩固国防建设，促进经济社会协调发展，方便社会交流交往、人民群众生产生活，提高政府管理水平和公共服务能力，都具有十分重要的意义。

20世纪80年代，中国地名委员会组织开展了我国第一次地名普查，对海域地名也进行了普查（台湾省及香港、澳门地区的地名除外），并进行了地名标准化处理。经过近30年的发展，在海域海岛地理实体中，有实体无名、一实体多名、多实体重名的现象仍然不同程度存在；有些地理实体因人为开发、自然侵蚀等原因已经消失，但其名称依然存在。在海洋经济已经成为拉动我国国民经济发展有力引擎的新形势下，特别是党的十九大报告提出"坚持陆海统筹，加快建设海洋强国"，开展海域海岛地名普查及标准化工作刻不容缓。

根据《国务院办公厅关于开展第二次全国地名普查试点的通知》（国办发〔2009〕58号）精神和《第二次全国地名普查试点实施方案》的要求，原国家海洋局于2009年组织开展了全国海域海岛地名普查工作，对海域、海岛及其他地理实体展开了全面的调查，空间上涵盖了中国所有海岛，获取了我国海域海岛地名的基本情况。全国海域海岛地名普查工作得到了沿海省、直辖市、自治区各级政府的大力支持，11个沿海省（市、区）的各级海洋主管部门、37家海洋技术单位、数百名调查人员投入了这项工作，至2012年基本完成。对大陆沿海数以万计的海岛进行了现场调查，并辅以遥感影像对比；对港澳台地区的海岛地理实体进行了遥感调查，并现场调查了西沙、南沙的部分岛礁，获取了大量实地调查资料和数据。这次普查基本摸清了全国海域、海岛和其他地理实体的数量与分布，了解了地理实体名称含义及历史沿革，掌握了地理实体的开发利用情况，并对地理实体名称进行了标准化处理。《中国海域海岛地名志》即是全国海域海岛地名普查工作成果之一。

地名志是综合反映地名的专著,也是标准化地名的工具书。1989 年,中国地名委员会以第一次海域地名普查成果为基础,编纂完成《中国海域地名志》,收录中国海域和海岛等地名 7 600 多条。根据第二次全国海域海岛地名普查工作总体要求,为了详细记录全国海域海岛地名普查成果,进一步加强海域海岛名称管理,传承海域海岛地名历史文化,维护国家海洋权益,原国家海洋局组织成立了《中国海域海岛地名志》总编纂委员会,经过沿海省(市、区)地名普查和编纂人员三年的共同努力,于 2014 年编纂完成了《中国海域海岛地名志》初稿。2018 年 6 月 8 日,国家海洋局、民政部公布了《我国部分海域海岛标准名称》。编委会依据公布的海域海岛标准名称,对初稿进行了认真的调整、核实、修改和完善,最终编纂完成了卷帙浩繁的《中国海域海岛地名志》。

《中国海域海岛地名志》由辽宁卷,山东卷,浙江卷,福建卷,广东卷,广西卷,海南卷和河北、天津、江苏、上海卷共 8 卷组成。其中河北、天津、江苏、上海合为一卷,浙江卷分为 3 册,福建卷分为 2 册,广东卷分为 2 册,全国共 12 册。共收录海域地理实体地名 1 194 条、海岛地理实体地名 8 923 条,内容涵盖了地名含义及沿革、位置面积资源等自然属性、开发利用现状等社会经济属性以及其他概况。所引用的数据主要为现场调查所得。

《中国海域海岛地名志》是全面系统记载我国海域海岛地名的大型基础工具书,是我国海洋地名工作一项有意义的文化工程。本书的出版,将为沿海城乡建设、行政管理、经济活动、文化教育、外事旅游、交通运输、邮电、公安户籍、地图测绘等事业,提供历史和现实的地名资料;同时为各企事业单位和广大读者提供地名查询服务,并为海洋科技工作者开展海洋调查提供基础支撑。

本书是《中国海域海岛地名志·辽宁卷》,共收录海域地理实体地名 93 条,海岛地理实体地名 518 条。本卷在搜集材料和编纂过程中,得到了原辽宁省海洋与渔业厅、辽宁省各级海洋和地名有关部门,以及辽宁省海洋水产科学研究院、国家海洋环境监测中心、辽宁省海洋技术开发中心、自然资源部第一海洋研究所、自然资源部第二海洋研究所、自然资源部第三海洋研究所、国家卫星海洋应用中心、国家海洋信息中心、国家海洋技术中心等海洋技术单位的大力支持。在此我们谨向为编纂本书提供帮助和支持的所有领导、专家和技术人员致以最深切的谢意！

鉴于编者知识和水平所限，书中错漏和不足之处在所难免，尚祈读者不吝指正。

《中国海域海岛地名志》总编纂委员会

2019 年 12 月

凡　例

1. 本志主要依据国家海洋局《关于印发〈全国海域海岛地名普查实施方案〉的通知》（国海管字〔2010〕267号）、《国家海洋局海岛管理司关于做好中国海域海岛地名志编纂工作的通知》（海岛字〔2013〕3号）、《国家海洋局民政部关于公布我国部分海域海岛标准名称的公告》（2018年第1号）进行编纂。

2. 本志分前言、凡例、目录、地名分述和附录。

3. 地名分述分海域地理实体、海岛地理实体两部分。海域地理实体包括海、海湾、海峡、水道、滩、半岛、岬角、河口；海岛地理实体包括群岛列岛、海岛。

4. 按条目式编纂。

（1）海域地理实体的条目编排顺序，在同一省份内，按市级行政区划代码由小到大排列，在县级行政区域内按地理位置自北向南、自西向东排列。

（2）群岛列岛的条目编排顺序，原则上在省级行政区域内按地理位置自北向南、自西向东排列；有包含关系的群岛列岛，范围大的排前。

（3）海岛的条目编排顺序，在同一省份内，按市级行政区划代码由小到大排列，在县级行政区域内原则上按地理位置自北向南、自西向东排列。有主岛和附属岛的，主岛排前。

5. 入志范围。

（1）海域地理实体部分。

海：2018年国家海洋局、民政部公布的《我国部分海域海岛标准名称》（以下简称《标准名称》）中收录的海。

海湾：《标准名称》中面积大于5平方千米的海湾和小于5平方千米的典型海湾。

海峡：《标准名称》中收录的海峡。

水道：《标准名称》中最窄宽度大于1千米且最大水深大于5米的水道和已开发为航道的其他水道。

滩：《标准名称》中直接与陆地相连，且长度大于 1 千米的滩。

半岛：《标准名称》中面积大于 5 平方千米的半岛。

岬角：《标准名称》中已开发利用的岬角。

河口：《标准名称》中河口对应河流的流域面积大于 1 000 平方千米的河口和省级界河口。

（2）海岛地理实体部分。

群岛、列岛：《标准名称》中大陆沿海的所有群岛、列岛。

海岛：《标准名称》中收录的海岛。

6. 实事求是地记述我国海域地理实体、海岛地理实体的地名含义及历史沿革；全面真实地反映地理实体的自然属性和社会经济属性。对相关属性的描述侧重当前状态。上限力求追溯事物发端，下限至 2011 年年底，个别特殊事物和事件适当下延。

7. 录用的资料和数据来源。

地名的含义和历史沿革，取自正史、旧志、地名词典、档案、文件、实地调访以及其他地名资料。

群岛列岛地理位置为遥感调查。海岛地理位置为现场实测，并与遥感调查比对。

岸线长度、近岸距离、面积，为本次普查遥感测量数据。

最高点高程，取自正史、旧志、调查报告、现场实测等。

人口，取自现场调查、民政部门登记资料以及官方网站公布数据。

统计数据，取自统计公报、年鉴、期刊等公开资料。

8. 数据精确度按以下位数要求。如引用的数据精确度不足以下要求位数的，保留引用位数；如引用的数据精确度超过要求位数的，按四舍五入原则留舍。

地理位置经纬度精确到分位小数点后一位数。

湾口宽度、海峡和水道的最窄宽度、河口宽度，小于 1 千米的，单位用"米"，精确到整数位；大于或等于 1 千米的，单位用"千米"，精确到小数点后两位。

岸线长度、近陆距离大于 1 千米的，单位用"千米"，保留两位小数；小于 1 千米的，单位用"米"，保留整数。

面积大于 0.01 平方千米的，单位用"平方千米"，保留四位小数；小于 0.01 平方千米的，单位用"平方米"，保留整数。

高程和水深的单位用"米"，精确到小数点后一位数。

9. 地名的汉语拼音，按 1984 年 12 月 25 日中国地名委员会、中国文字改革委员会、国家测绘局颁布的《中国地名汉语拼音字母拼写规则（汉语地名部分）》拼写。

10. 采用规范的语体文、记述体。行文用字采用国家语言文字工作委员会最新公布的简化汉字。个别地名，如"礅""矿""沥"等方言字、土字因通行于一定区域，予以保留。

11. 标点符号按中华人民共和国国家标准《标点符号用法》（GB/T 15834－1995）执行。

12. 度量衡单位名称、符号使用，采用国务院 1984 年 3 月 4 日颁布的《中华人民共和国法定计量单位的有关规定》。

13. 地名索引以汉语拼音首字母排列。

14. 本志中各分卷收录的地理实体条目和各地理实体相对位置的表述，不作为确定行政归属的依据。

15. 本志中下列用语的含义：

海，是指海洋的边缘部分，是大洋的附属部分。

海湾，是指海或洋深入陆地形成的明显水曲，且水曲面积不小于以口门宽度为直径的半圆面积的海域。

海峡，是指陆地之间连接两个海或洋的狭窄水道或狭窄水面。

水道，是指陆地边缘、陆地与海岛、海岛与海岛之间的具有一定深度、可通航的狭窄水面。一般比海峡小或是海峡的次一级名称。

滩，是指高潮时被海水淹没、低潮时露出，并与陆地相连的滩地。根据物质组成和成因，可分为海滩、潮滩（粉砂淤泥质）和岩滩。

半岛，是指伸入海洋，一面同大陆相连，其余三面被水包围的陆地。

岬角，是指突入海中、具有较大高度和陡崖的尖形陆地。

河口，是指河流终端与海洋水体相结合的地段。

海岛，是指四面环海水并在高潮时高于水面的自然形成的陆地区域。

有居民海岛，是指属于居民户籍管理的住址登记地的海岛。

常住人口，是指户口在本地但外出不满半年或在境外工作学习的人口与户口不在本地但在本地居住半年以上的人口之和。

群岛，是指彼此相距较近的成群分布的岛群。

列岛，一般指线形或弧形排列分布的岛链。

目　录

上篇

海域地理实体
HAIYU DILI SHITI

第一章 海

渤海 (Bó Hǎi)

北纬 36°58.0′—40°59.0′、东经 118°42.0′—122°17.0′。北与辽宁省接壤，西与河北省、天津市相邻，南与山东省毗邻，仅东部以北起辽东半岛南端的老铁山西角和南至山东半岛北部的蓬莱角之间的渤海海峡与黄海相通。渤海是中华人民共和国的内海。

渤海之名，久矣。早在我国古籍《山海经·南山经》中就有记载："又东五百里，曰丹穴之山……丹水出焉，而南流注渤海"，"又东五百里，曰发爽之山……汛水出焉，而南流注入渤海"。《山海经·海内东经》有"济水出共山南东丘，绝钜鹿泽，注渤海……潦水出卫皋东，东南注渤海，入潦阳。虖沱水出晋阳城南，而西至阳曲北，而东注渤海……漳水出山阳东，东注渤海"。《列子》一书中也有渤海名字的记载。汤又问："物有巨细乎？有修短乎？有同异乎？"革曰："渤海之东不知几亿万里，有大壑焉，实惟无底之谷，其下无底，名曰归墟。"在《战国策·齐策一》中有"苏秦为赵合从（纵），说齐宣王曰：'齐南有太（泰）山，东有琅琊，西有清河，北有渤海，此所谓四塞之国也'"。又说："即有军役，未尝倍太山，绝清河，涉渤海也。"《战国策·赵策二》："约曰：秦攻燕，则赵守常山……齐涉渤海，韩、魏出锐师以佐之。秦攻赵，则韩军宜阳……齐涉渤海，燕出锐师以佐之。"到了秦、汉有关渤海的记载就多了。司马迁在《史记·秦始皇本纪》中有"二十八年……于是乃并渤海以东，过黄、腄、穷成山，登之罘，立石颂秦德焉而去"。在《史记·高祖记》中有"夫齐东有琅琊、即墨之饶，南有泰山之固，西有浊河之限，北有渤海之利"。汉高祖五年（前202年）置渤海郡，因其在渤海之滨，固以为名。班固在《前汉书·武帝记》中也有"（元光）三年春，河水徙，从顿丘东南流入渤海"的记载。北魏郦道元在《水经注》中说"河水出其东北陬，屈从其东南流，入于渤海"。

渤海又称渤澥。汉文学家司马相如在其《子虚赋》中有"且齐东陼钜海，南有琅琊，观乎成山，射乎之罘，浮渤澥，游孟诸"之句。到了唐代，徐坚等在《初学记》中说"东海之别有渤澥，故东海共称渤海，又通谓之沧海"。

渤海又称为北海。《山海经·海内经》云："东海之内，北海之隅，有国名曰朝鲜……其人水居，偎人爱之。"《左传·僖公四年》有"四年春，齐侯……伐楚。楚子使与师言曰：'君处北海，寡人处南海，唯是风马牛不相及也'"。这里所说的北海即包括了渤海和部分黄海。汉景帝前元二年（前155年）分齐郡设北海郡，东汉建武十三年（37年）改北海郡为北海国，其名即因北海而名之。

渤海又称辽海。《旧唐书·地理志》有"高宗时，平高丽、百济，辽海以东，皆为州"的记载。杜甫在《后出塞五首之四》中有"云帆转辽海，粳稻来东吴"。杨伦注云："辽东南临渤海，故曰辽海。"明代也将该海域称辽海。《明史·卷四○·志第十六·地理》云："正统六年十一月，罢称行在，定为京师府……北至宣府，东至辽海，南至东明，西阜平。"清代仍有将渤海称辽海的记载，如《松江府志》中就有"自东大洋北，历山东，通辽海"的记载。

渤海海岸线长达2 278千米，面积7.7万平方千米。平均水深18米，最大水深86米，位于渤海海峡北部老铁山水道南支。渤海按其基本特征分为辽东湾、渤海湾、莱州湾、中央海区和渤海海峡五部分。辽东湾位于辽东半岛南端老铁山西角与河北省大清河口连线以北；渤海湾位于河北省大清河口与山东省黄河刁口流路入海口连线以西；莱州湾位于黄河刁口流路入海口至龙口市屺姆岛高角连线以南；渤海海峡位于老铁山西角至蓬莱角之间的狭长海域，渤海海峡被庙岛群岛分割成若干水道；中央海区则是上述四个海域之外的渤海的中央部分。

渤海是一个近封闭的大陆架浅海。渤海几乎被陆地包围。在地质地貌上，渤海是一个中、新生代沉降盆地。这个陆缘浅海由于受到东北向构造的控制，整个海域呈东北至西南纵长的不规则四边形，其西北一侧与燕山山地的东端及华北平原相连，东南侧紧邻山东半岛与辽东半岛。第四纪期间，渤海盆地的海水几度进退，到全新世时海平面大幅度上升才形成今天的浅海。注入渤海的河流有黄河、海河、滦河、辽河等，河流含沙量高，每年输送大量泥沙入海，使渤海逐渐淤浅、缩小。渤海沿岸较大海湾除辽东湾、渤海湾和莱州湾外，还有辽宁省的金州湾、普兰店湾、复州湾、锦州湾、连山湾等，河北省的七里海等。海岛主要分布在辽东湾沿岸、渤海海峡南部，较大的海岛有长兴岛、北长山岛和南长山岛等。

渤海沿岸，特别是渤海湾和莱州湾一带，历来是我国主要产盐区，现已开辟了辽宁、长芦、山东三大盐场区。渤海沿岸港口开发较早，海洋交通运输在国内比较发达，主要港口有营口港、锦州港、唐山港、秦皇岛港、黄骅港、东营港和龙口港等。

黄海 (Huáng Hǎi)

北纬31°40.0′—39°54.1′、东经119°10.9′—126°50.0′。黄海东南以长江口北岸的长江口北角和韩国的济州岛连线与东海相邻，东北靠朝鲜半岛，北依辽东半岛，西北经渤海海峡与渤海相通，西邻山东半岛和江苏海岸。

在古代，黄海被称为东海，《山海经·海内经》有"东海之内，北海之隅，有国名曰朝鲜"。《左传·襄公二十九年》中有"吴公子札来聘……曰：'美哉！泱泱乎，大风也哉！表东海者，其大公乎！国未可量也'"。《孟子·离娄上》曰："太公避纣，居东海之滨。"《越绝书·越绝外传·记地传第十》有"句（勾）践徙治北山，引属东海，内、外越别封削焉。句（勾）践伐吴，霸关东，徙琅琊，起观台，台周七里，以望东海"。《荀子·正论》说"浅不足与测深，愚不足与谋知，坎井之蛙不可语东海之乐"。《史记·秦始皇本纪》中有"六合之内，皇帝之土。西涉流沙，南尽北户。东有东海，北过大夏"的记载。西汉时辑录的《礼记·王制》篇中也有"自东河至东海，千里而遥"的记载。唐代徐坚等人在《初学记》中说："东海之别有渤澥，故东海共称渤海。"上述所说的东海，均为现今的黄海。正因此，秦、汉均在今苏北和山东南部沿海地区设东海郡。直至宋朝前期仍将该海域称为东海。到了宋真宗"天禧三年六月，乙未夜，滑洲河溢……漫溢州城，历澶、濮、曹、郓，注梁山泊，又合清水、古代汴梁，东入于淮。州邑罹患者三十二"。这次黄河夺淮入海，前后达8年之久，直至宋天圣五年（1027 年）才河归故道，完全北入渤海。在黄河夺淮入海期间，大量泥沙输入苏北海域，再加上长江、淮河等河流入海泥沙，使该海域沙多水浅、海水浑黄，故到北宋时称该海域为黄水洋。黄水洋之名最早出现在宋朝徐兢的《宣和奉使高丽图经》中，他在该书中说：（五月）二十九日，是夜"复作南风"，乃"入白水洋。次日过黄水洋，继而离岸东驶，横渡黑水洋"。徐兢还对黄水洋之名做了解释，他说："黄水洋，即沙尾也。其水浑浊且浅，舟人云：'其沙自西南来，横于洋中千余里，即黄河入海之处'。"黄河在 1128—1855 年长达 727 年间，再次夺淮在苏北入海，黄河入海的大量泥沙倾泻苏北海域，使苏北近海海水浑黄，浅滩丛生。清代，以长江口为界，将我国东部海域分别称为南洋和北洋。清末，黄海之名得以确定。而其精确位置最早出现在英国人金约翰所辑的《海道图说》中，该书说："扬子江口与山东角间大湾为黄海西界，朝鲜为黄海东界"，"自扬子江口至朝鲜南角成直线为黄海与东海之界"。英国海图官局 1894 年的《中国海指南》（China Sea Directory）中将黄海记为"Hwanghai"，系黄海原名之音译，所记名称含义与黄水洋一致：因旧黄河流入，水色黄浊得名。

在先秦时期，也有人将黄海称为南海，如《左传·僖公四年》中有"四年春，齐侯以诸侯之师侵蔡。蔡溃，遂伐楚。楚子使与师言曰：'君处北海，寡人处南海，唯是风马牛不相及也'"，这里所说的南海即是黄海。

黄海总面积 38 万平方千米，平均水深 44 米，最大水深 140 米，位于济州岛北侧。黄海分为北黄海和南黄海。北黄海面积 7.1 万平方千米，平均水深 38 米，最大水深 80 米；南黄海面积约 30.9 平方千米，平均水深 46 米，最大水深 140 米。注入黄海的主要河流有鸭绿江、大同江、汉江、淮河等，属黄海的海湾有胶州湾、大连湾等。北黄海分布有我国最北端的群岛，即长山群岛。

我国黄海沿岸的重要港口有丹东港、大连港、烟台港、威海港、青岛港、日照港和连云港等。

第二章 海 湾

庄河湾 (Zhuānghé Wān)

北纬 39°39.4′、东经 123°02.8′。位于大连庄河市区东南 3 千米，东起樱桃山，西至打拉腰港。该湾因有庄河在此入海而得名。岸线长达 68.1 千米，湾口宽 14.95 千米，海湾面积为 68 平方千米，最大水深 1.6 米，底质类型以泥沙为主。有新老庄河港和蛤蜊岛旅游度假区。

张虾湾 (Zhāngxiā Wān)

北纬 39°35.6′、东经 122°46.6′。位于大连庄河市明阳街道南部。因海湾南岸的张虾网（村）而得名。岸线长达 15 千米，湾口宽度为 2.31 千米，海湾面积为 12.5 平方千米，底质类型以泥沙为主。

海洋岛湾 (Hǎiyángdǎo Wān)

北纬 39°04.1′、东经 123°09.4′。位于大连市长海县海洋岛西北。以海洋岛得名，曾名大滩湾，雅称太平湾。岸线长达 9.9 千米，湾口宽 1.14 千米，海湾面积为 2.7 平方千米，底质类型以砂质和泥沙为主。

海湾地处大连经朝鲜半岛至日本在黄海北部航线左侧的一个中转站，昔日曾有大批东渡的运输、贸易商船云集湾内避风停留，亦为古时渔舟候风避浪之所。如今依岸就势建起了高力庄、老孟家、红石三座土石混凝土码头，已成为渔业、商贸、军事多功能的港湾。

盐大澳 (Yándà Ào)

北纬 39°12.8′、东经 122°09.7′。位于大连市金州区东部。该湾北起杏树屯镇邹家嘴子，南至大李家镇城山头连线以西海域。岸线长达 75.5 千米，湾口宽度约为 18.77 千米，海湾面积为 86.2 平方千米，最大水深 17.4 米，底质类型以砂质为主。

该海域呈三角形，岸陡峭，岸下水深流急，山上建有辽金古城。马坨子岛至蛋坨子一线礁石分布，海底多砂质，为金州区著名渔港之一。城山头附近为城山头海滨地貌国家级自然保护区。

常江澳 (Chángjiāng Ào)

北纬 39°06.3′、东经 122°03.1′。位于大连市金州区东部。因有经常性海流南北贯穿，东西沿岸弯曲可停泊船舶得名。岸线长达 21.62 千米，湾口宽度约为 5.33 千米，海湾面积为 17 平方千米，最大水深 9.2 米。据 1991 年版《中国海湾志》第一分册载，该湾口门宽度为 5.1 千米，海湾岸线长度为 27 千米，海湾面积为 18 平方千米。

海湾内只有青云河一条季节性河流注入。常江澳属正规半日潮海区。平均潮差 2.8 米，最大潮差 4.6 米。湾内流速较小，常波向为南向，强波向西南偏南向。12 月下旬至翌年 2 月末湾内滩地结 5～6 厘米厚的冰，湾内底质以细砂为主，湾口以黏土质粉砂为主。湾内以海水养殖为主。

黄嘴子湾 (Huángzuǐzi Wān)

北纬 39°03.5′、东经 122°00.3′。位于大连市金州区东 21 千米，北起满家滩常江海岬，南至董家沟东寺沟沙鱼嘴连线以西的黄海水域。因东南部海岸岬角形似鸟嘴，且呈黄色而得名。岸线长达 22.6 千米，湾口宽度约为 9 千米，海湾面积为 20.5 平方千米，最大水深 15.5 米，底质类型以砂质和泥沙为主。

由于地层的岩性和构造，以及地壳运动和海水营力作用等众多因素的综合影响，形成了奇异美妙的海岸自然景观。凉水湾一带，湾狭水浅，海岸陡峭，岩礁林立，风景秀丽，有"恐龙探海""神龟寻子""大鹏展翅""鲤鱼跃水""龟裂石"等奇礁怪石，成为大连市重点地质风景保护区。1986 年建成了金石滩旅游区。

小窑湾 (Xiǎoyáo Wān)

北纬 39°02.8′、东经 121°55.0′。位于大连市金州区董家沟镇南部，小拳嘴子和沙鱼嘴连线以西海域。因北岸有煤窑，且与南部的大窑湾相比较小而得名。岸线长约 21.5 千米，湾口宽约为 3.7 千米，海湾面积为 17.5 平方千米，最大水深 14.4 米。据 1991 年版《中国海湾志》第一分册载，海湾口门宽度为 4 千米，海湾岸线长度为 26 千米,面积为 19 平方千米。

小窑湾属正规半日潮海区,平均潮差 2.37 米,最大潮差 4.34 米。湾内以往复流为主,湾口以旋转流为主。湾内实测最大流速为每秒 0.5 米。湾内底质以砂质为主,湾口附近以黏土质粉砂为主。小窑湾已发展了水产品养殖业和盐业。

大窑湾 (Dàyáo Wān)

北纬 39°01.0′、东经 121°53.0′。位于大连市金州区。因北岸有煤窑,且与北部的小窑湾相比较大,故得名。清代称大窑口。湾口朝向东南,海岸线长约 26 千米,湾口宽度约为 5.36 千米,海湾面积为 24.8 平方千米。据 1991 年版《中国海湾志》第一分册载,大窑湾湾口宽度为 4 千米,岸线长度为 24 千米,海湾面积为 33 平方千米。

大窑湾为正规半日潮海域,平均潮差 2.37 米,最大潮差 4.34 米。湾内以旋转流为主,流速不大,湾口实测最大流速一般为每秒 0.6 米,湾内流速一般为每秒 0.1~0.3 米。海湾口门处常浪向和强浪向均为东南向,最大波高 2.5 米。12 月中旬至翌年 3 月中旬为结冰期,平均冰厚 25~35 厘米,最大冰厚 52 厘米,结冰最大宽度 3.6 千米。1941 年 1 月至 2 月中旬和 1964 年时湾口附近几乎全为海冰所封。湾内底质以黏土质粉砂为主,近岸底质含较多的砂。大窑湾已辟为大连港新港区,湾内设施完善。现大连港的许多货种都转移至大窑湾港区。

大连湾 (Dàlián Wān)

北纬 38°58.2′、东经 121°43.5′。位于大连市中山区、西岗区、甘井子区和金州区的交界海域,黄白嘴和山西头连线西北海域。因其形似钱褡裢(褡裢:一种中间开口而两端装东西的口袋),俗称褡裢湾,后谐音成今名。据《南金乡土志》:"大连湾为辽东半岛之东岸第一大澳……湾首分三小澳,南曰得胜澳,西曰华船澳,北曰手澳……西向之小澳曰阿丁澳,北向澳均可停泊,聚澳于大澳,故以大连名。"唐代称青泥浦,明代改称青泥湾,明万历年间即有"大连湾"之名。1857 年英、法联军侵占了大连,称该地为"阿沙港"。1858 年,英国发动了华北战争,海陆军夺占了大连湾,后改称为"维克多利亚湾"。据英轮船长的报告及 1860 年英国发行的海图上记载,均称为"大连湾"。洋务运动时期,清政府在此兴建炮台,"大连湾"一名见于李鸿章的相关奏折中,是此名首次出现在官方文书中。湾口宽度为 11.6 千米,海湾面积为 154.9 平方千米,海岸线长约 94 千米,最大水深 23 米。据 1991 年版《中国海湾志》第一分册载,大连湾海岸线长度为 125 千米,口门宽度为 11.1 千米,海湾面积为 174 平方千米。

该湾为半封闭型海湾,岸线曲折,形成了臭水套、甜水套、大孤山等小海湾。湾口有大三山岛、小三山岛分布,形成了小三山水道、三山水道和大三山水道 3 条水道。大连湾属正规半日潮海区,平均潮差 2.13 米,最大潮差 4.42 米;潮流类型为非正规半日潮流,以旋转流为主。湾内实测最大流速为 0.79 米/秒,常波向为西南向,强波向为东南向,最大波高 4 米。大连湾冰情不严重。底质以黏土质粉砂为主。

大连湾水深域阔,周边经济发达。1899 年开始大连港的建设,到 1937 年大连港吞吐量达 1 200 万吨。1949 年以后,大连港努力恢复战争的创伤,1961 年对外开放,成为远东最大港口之一。2008 年大连港吞吐量达 2.46 亿吨,成为我国著名的亿吨大港之一。

甜水套 (Tiánshuǐ Tào)

北纬 39°00.4′、东经 121°39.6′。位于大连市甘井子区,是大连湾内的一个小海湾。湾口宽约 2.1 千米,海湾面积为 5.3 平方千米,岸线长达 12 千米,最大水深 6.3 米,底质类型以泥沙为主。该湾位于大连湾湾顶北岸,岸线均已人工化。

臭水套 (Chòushuǐ Tào)

北纬 38°56.8′、东经 121°37.6′。位于大连市中山区、西岗区和甘井子区等地的交界海域,为大连湾内的一个小海湾。据传,1920 年挖掘河沟将臭水子(今周水子)的臭水在该海域引入海里,臭水套由此得名。湾口宽度为 2.2 千米,海湾面积为 7.5 平方千米,岸线长达 19.5 千米,最大水深 10.3 米,底质类型以砂质为主。该湾位于大连湾湾顶南部,沿岸为大连市城区。

黑石礁湾 (Hēishíjiāo Wān)

北纬38°52.0′、东经121°34.5′。位于大连市沙河口区南部。因湾内有大连黑石礁（岛）而得名。湾口宽度为6.8千米，海湾面积为8.3平方千米，岸线长达12.1千米，最大水深13米，底质类型以泥沙为主。黑石礁湾是大连滨海旅游的重要景点之一，是我国少有的海滨喀斯特地貌景点。

塔河湾 (Tǎhé Wān)

北纬38°48.7′、东经121°20.7′。位于大连市旅顺口区龙头镇南部，湾口东起松树嘴，西至夹帮嘴。岸线长达19.4千米，湾口宽度约7.41千米，海湾面积为11.4平方千米，最大水深28.5米，底质类型以砂质为主。湾口朝南，湾顶中段为砂质海岸，开辟为海水浴场，湾内有鲍鱼肚港。

旅顺港 (Lǚshùn Gǎng)

北纬38°47.3′、东经121°15.0′。位于大连市旅顺口区市区南部。为黄金山、白银山、白玉山、老虎尾等环抱，口朝东南，在黄金山与老虎尾之间。海湾包括东港和西港两部分。因旅顺口而得名。旅顺口，晋称马石津，隋唐称名都里镇，元为狮子口，今名始于明初，明洪武四年（1371年），马云、叶旺由登州渡海，屯兵金州，在狮子口登陆，遂取"旅途平安之意，改为今名"。湾口宽度为329米，海湾面积为6.77平方千米，岸线长达18.65千米，最大水深30米，底质类型以砂质和泥沙为主。

旅顺历史悠久，明洪武年间设旅顺口关。明《辽东志》卷二载，旅顺口关在（金州）卫南一百二十里。海运船至此登岸。后金天聪七年（1633年）六月，皇太极遣军攻克旅顺口，遂派军驻扎。清光绪六年（1880年）后为北洋舰队之军港。清咸丰七年（1857年）英法联军占领旅顺，清光绪二十年（1894年）中日甲午战争时被日军占领。1898年俄国强租旅顺，1905年又被日军侵占。1945年后为苏联占领。1949年后收回。

西港 (Xī Gǎng)

北纬38°47.4′、东经121°13.7′。位于大连市旅顺口区旅顺港西部，由此得名，为旅顺港内的小湾。湾口宽度约为348米，海湾面积为6.2平方千米，岸线长达 14.3 千米，最大水深 8 米，底质类型以砂质和泥沙为主。

辽东湾 (Liáodōng Wān)

北纬 39°46.5′、东经 120°45.7′。位于渤海北部，是渤海三大海湾之一，广义辽东湾西起河北省大清河口，东至辽东半岛南端的老铁山西角连线以北海域，被辽宁、河北两省环抱，跨秦皇岛市、葫芦岛市、锦州市、盘锦市、营口市和大连市。清光绪《大清帝国全图》盛京省南渤海中有辽东湾之标注。辽东湾海岸线长 1 463 千米，海湾面积 3.66 万平方千米，最大水深 56 米。辽东湾狭义有多种说法：其一，西起辽宁省西部六股河口，东到辽东半岛西侧长兴岛连线以北海域；其二，西起河北省秦皇岛，东至辽东半岛西侧长兴岛的连线以北海域。

辽东湾是我国纬度最高的海湾，有辽河、大凌河、小凌河、滦河等注入。海底地形自湾顶及东西两侧向中央倾斜，湾东侧水深大于西侧。河口大多发育水下三角洲。平均潮差（营口站）2.7 米，最大可能潮差 5.4 米。冬季结冰，冰厚 30 厘米左右。湾顶为淤泥质平原海岸，海湾西岸发育平直砂质海岸，东岸为岬湾海岸。沿岸分布有金州湾、普兰店湾、复州湾、锦州湾等海湾。海岛主要分布在辽东湾东岸和葫芦岛沿岸，较大的海岛有长兴岛、觉华岛等。沿岸主要港口有营口港、锦州港、秦皇岛港等。

双岛湾 (Shuāngdǎo Wān)

北纬 38°53.0′、东经 121°07.9′。位于大连市旅顺口区双岛湾镇西部，湾口介于西坨子与西湖嘴之间。因湾内有双岛而得名。湾口宽 4.31 千米，海湾面积 21.2 平方千米，岸线长达 28.8 千米，最大水深 10 米，底质类型以泥沙为主。湾口向西，湾之东部为大连市旅顺盐场盐田，现已围填，南部建有渔码头，大连旅顺口区双岛湾低碳临港产业园区依托该海湾建设。湾中央有双岛。《奉天通志》载，明袁崇焕杀毛文龙于双岛湾南侧的姑子庵。今建成姑子庵水库。

大潮口湾 (Dàcháokǒu Wān)

北纬 38°56.6′、东经 121°12.5′。位于大连市旅顺口区北海镇北部，自北海村二嘴子至小黑石之间。因河口处两岸坡缓，海潮经此涌入北大河口而得名。

岸线长达 13.6 千米，湾口宽 4.63 千米，海湾面积 7.8 平方千米，最大水深 10 米，底质类型以砂质和泥沙为主。湾口北向，岸滩开辟为海水浴场。可泊小型船只，能避东南风或西南风。

营城子湾 (Yíngchéngzi Wān)

北纬 38°59.3′、东经 121°19.2′。位于大连市甘井子区营城子镇西北部，湾口向西北，北起猴儿石嘴，南至钓鱼台嘴，形成半封闭的小海湾。湾以营城子镇得名。岸线长达 23.15 千米，湾口宽 5.65 千米，海湾面积 20.78 平方千米，最大水深 8.4 米。据 1997 年版《中国海湾志》第二分册载，该湾岸线长度为 13.6 千米，湾口宽度为 5.5 千米，海湾面积为 15.9 平方千米。

入湾河流有对沟河、双台沟河、金龙寺沟河、郭家沟河和石山沟河，均为季节性河流。营城子湾为不正规半日潮海域，平均潮差 1.33 米，最大潮差 1.94 米；湾口为旋转流，湾内流速小于 0.2 米/秒；常波向偏西南向；自 12 月上旬至翌年 3 月上旬为冰期，近岸固定冰厚为 5～20 厘米；底质近岸为细砂，湾中以黏土粉砂为主。

湾内有自然渔港数处，海湾南岸已辟为旅游区，湾内大石坨子等海岛也成为旅游景点。

金州湾 (Jīnzhōu Wān)

北纬 39°06.0′、东经 121°32.3′。位于大连市金州区和甘井子区的交界海域，辽东湾东岸。因距金州城（今金州城区驻地）较近而得名。湾口宽约 22.26 千米，海湾面积为 270.9 平方千米，海岸线长 66.6 千米，最大水深 17.6 米。据 1997 年版《中国海湾志》第二分册载，金州湾总面积为 342 平方千米，海湾岸线长度为 65.7 千米，口门宽度为 25.94 千米。

金州湾为不正规半日潮海区，平均潮差 1.45 米，最大潮差 2.73 米。海湾内为旋转流，流速很少超过 0.5 米/秒。冰情与普兰店湾相近，一般年份，从 12 月上旬至翌年 3 月上旬为冰冻时间，岸边固定冰厚 5～20 厘米；重冰年份，固定冰厚 20～30 厘米。底质以细砂和黏土质粉砂为主。海湾南部为牧城子湾，湾口分布着西蚂蚁岛、东蚂蚁岛等海岛。

金州湾滩涂宽，盛产贝类。古时金州湾曾为通往京津的良港。现该湾中羊圈子为国家渔政监督管理局批准定为历史自然渔港。荞麦山渔港是金州渤海沿岸唯一渔港。金州湾与大连湾之间的"金州地峡"为交通咽喉要道。东岸拉树房海滩已辟为海水浴场。海湾周边有不少历史遗迹，比如辽代建的哈斯罕关，今尚存旧址；清代在临海峭崖上建有龙王庙，"龙岛日帆"为古金州八景之一。

牧城子湾 (Mùchéngzi Wān)

北纬 39°01.4′、东经 121°25.8′。位于大连市甘井子区北部，辽东湾东岸，为金州湾内的一个小湾。以明城、牧城驿（古驿站）得名。湾口宽度为 5.41 千米，海湾面积为 7.9 平方千米，岸线长达 8.8 千米，最大水深 3.5 米，底质类型以基岩为主。湾口向北，东起双坨子岛，西至文家嘴，形成天然小渔场。文物保护单位有双坨子新石器遗址。

普兰店湾 (Pǔlándiàn Wān)

北纬 39°20.3′、东经 121°39.5′。位于普兰店区西 2 千米的渤海海域，大连市金州区、普兰店区和瓦房店市的交界海域，辽东湾东岸。曾用名亚当湾，20 世纪 50 年代叫复州湾，后以普兰店更名。湾口宽约 20 千米，海湾面积为 358.5 平方千米，岸线长约 212 千米，最大水深 10 米，底质类型以砂质为主。据 1997 年版《中国海湾志》第二分册载，该湾总面积为 530 平方千米，海湾岸线长度为 193 千米，口门宽度为 20.7 千米。

普兰店湾为不正规半日潮海区，平均潮差 1.45 米，最大潮差 2.73 米；海湾内除湾顶为往复流外，海湾中部及湾口均为旋转流。常波向东北偏北向，强波向东北向，最大波高 3.1 米。该湾冬季结冰，初冰日为 12 月 5 日，封冻日为 12 月 20 日，解冻日为 2 月 22 日，融冰日为 3 月 8 日，总冰期 3 个月左右，沿岸冰厚可达 60 厘米。普兰店湾是一个浅水湾，湾口水深仅有 4.5～6.5 米，但湾内地形复杂，湾内发育水深达 10 米的侵蚀槽。海湾沉积物以砂质粉砂和黏土质粉砂为主。注入本湾的河流有三十里河、龙口河、大魏家河、石河、泡崖河和鞍子河。湾内分布有前大连岛、后大连岛、长岛子、簸箕岛等海岛。

清咸丰十年（1860年）英国舰队曾入湾进行测绘，清宣统二年（1910年）日本船只通航，1905—1945年在三道湾驻泊，辟航道，设灯标。今因陆运发达，港遂废置。

因湾内滩涂辽阔，降水量少，广大滩涂遂被辟为盐田，该湾成为大连市的重点产盐区。20世纪80年代以后开展了水产养殖，湾内还建有拉树山等渔港。2010年5月27日，成立了以普兰店湾为中心新区的普湾新区。

葫芦山湾 (Húlushān Wān)

北纬39°29.0′、东经121°18.1′。位于大连瓦房店市的长兴岛南部海域，湾口朝向西，北起长兴岛的五道沟子嘴，南至西中岛的长哨（岬角）连线以东海域。因靠近长兴岛的葫芦山而得名。岸线长达62.1千米，湾口宽约10.61千米，海湾面积为78.1平方千米，最大水深19.3米。据1997年版《中国海湾志》第二分册载，该湾口门宽11.5千米，海湾岸线长62.14千米，海湾面积为127.5平方千米。

葫芦山湾为不正规半日潮海域，平均潮差1.34米，最大潮差2.82米；往复流，平均最大涨潮流速为0.44米/秒，平均最大落潮流速为0.49米/秒；常波向西南向，强波向北向，最大波高4.2米。海湾底质以砂质为主。

海湾北侧长兴岛上的横山，昔为复州八景之一的"横山远眺"，登山远眺，对岸400千米远的锦州诸山隐约可见。复州八景的"龙口甘泉"亦在境内，井水甘冽，四季不枯。北海村还有战国时期的长城遗迹，出土有燕制刀币和瓦片等古文物。另外，海湾沿岸是海水浴场，如八岔沟浴场。长兴岛临港工业区位于海湾两岸。

复州湾 (Fùzhōu Wān)

北纬39°39.6′、东经121°26.1′。位于大连瓦房店市复州镇西，长兴岛北，北起大嘴子角，南至马家嘴连线以东海域。该湾因临近复州城而得名，又名复州澳。岸线长达64.05千米，湾口宽度为20.39千米，海湾面积为154平方千米，最大水深为14.6米。据1997年版《中国海湾志》第二分册载，该湾口门宽为22.7千米，海湾岸线长92千米，海湾面积为223.6平方千米。

本湾属不正规半日潮海区，平均潮差1.38米，最大潮差2.93米；湾内以往复流为主，平均最大涨潮流速为 38 厘米 / 秒，平均最大落潮流速为 43 厘米 / 秒；该湾常波向和强波向均为东北偏北向，最大波高 5 米。海湾底质以黏土质粉砂为主。入湾河流除复州河常年性河流外，还有几条季节性河流。

区内仙浴湾镇的莲花泡是复州八景之一，昔有"水泡荷花"之称，现已建成仙浴湾旅游度假区，在近湾的东北侧还有复州古城和永丰塔等风景点。复州城是辽南地区的一座古城，已有近千年历史。现存的复州城是明永乐四年（1406 年）修建的。永丰塔在复州城外，是辽代佛教极盛时修建的。"永丰夕照"也是古复州城八景之一。永丰塔原塔每一层各面正中都修有砖砌佛龛，因年代久远，风雨侵蚀，现已迹莫能辨。湾南部长兴岛上建有长兴岛临港工业区，该区是辽宁省沿海经济带的重要组成部分。

太平湾 (Tàipíng Wān)

北纬 39°59.8′、东经 121°50.9′。地处大连瓦房店市西北部土城乡的洪石嘴和太平角连线以东海域。太平湾是渔船避风安全地带，因之而得名。岸线长达 18.4 千米，湾口宽度为 6.4 千米，海湾面积为 24.4 平方千米，最大水深 4.1 米。据 1997 年版《中国海湾志》第二分册载，湾口宽度为 6.7 千米，海湾岸线长度为 22.7 千米，海湾面积为 29.2 平方千米。

本湾为不正规半日潮海区，平均潮差 2.56 米，最大潮差 4.23 米；湾内以往复流为主，平均最大涨潮流速为 0.27 米 / 秒，平均最大落潮流速为 0.28 米 / 秒；常波向西南向，强波向为北向，最大波高 2.7 米。底质类型以细砂为主。

白沙湾 (Báishā Wān)

北纬 40°08.8′、东经 121°59.3′。位于营口盖州市归州镇西部海域，辽东湾东岸。岸线长达 14.8 千米，湾口宽度为 8 千米，海湾面积为 23.2 平方千米，最大水深 3.3 米，底质类型以泥沙为主。

白沙湾是营口市著名的海水浴场，以海域风光为主，海岸蜿蜒，沙滩细软，形如新月，景色壮丽。岸上海防林，林木葱郁，枝繁叶茂。白沙湾以盛产大桃和水产品而闻名，在首届白沙湾鲜桃品评会上，一个单体重 1 040 克的大桃成为白沙湾大桃之最，并被选入上海吉尼斯纪录。

熊岳河湾 (Xióngyuèhé Wān)

北纬 40°14.1′、东经 122°03.3′。位于营口市鲅鱼圈区和盖州市的交界海域，北起营口港鲅鱼圈港区，南至盖州市仙人岛岬角，辽东湾东岸。熊岳河从海湾中部注入，湾以河名。岸线长达 27.5 千米，湾口宽度为 15.1 千米，海湾面积为 48.7 平方千米，最大水深 6.1 米。底质类型以基岩、砂质和泥沙为主。湾内发育沙滩，现已开辟为海水浴场。近海水域盛产文蛤、四角蛤蜊及毛虾、梭子蟹。

望海寨河湾 (Wànghǎizhàihé Wān)

北纬 40°21.5′、东经 122°09.6′。位于营口市鲅鱼圈区和盖州市的交界海域，辽东湾东岸。海湾北起盖州市团山街道，南至鲅鱼圈区墩台山前。因望海寨河在该海湾入海，故名。岸线长达 26.3 千米，湾口宽度为 15.9 千米，海湾总面积为 33.8 平方千米，最大水深 5.2 米，底质类型以砂质为主。

锦州湾 (Jǐnzhōu Wān)

北纬 40°47.2′、东经 121°00.2′。位于锦州市和葫芦岛市交界海域，大笔架山与葫芦岛高角连线以西海域。因近锦州而得名。湾口朝向东南，该湾为基岩和泥沙海岸上的一个原生构造湾，岸线长达 52.94 千米，湾口宽度为 9.41 千米，海湾面积 95.1 平方千米，最大水深 13 米。据 1997 年版《中国海湾志》第二分册载，锦州湾面积为 151.5 平方千米，海湾岸线长度为 61.54 千米，湾口宽度为 10.6 千米。

锦州湾属不正规半日潮海区，平均潮差 2.06 米，最大潮差 4 米；湾口流速较大，实测最大涨潮流速达 1.51 米/秒；海湾常波向西南偏南向，强波向东南偏南向，最大波高 4.6 米。锦州湾每年冬季都有不同程度的冰情。初冰日一般在 11 月下旬或 12 月上旬，终冰日一般在翌年 3 月上旬或下旬。海湾水深为 0～5 米，湾口最大水深 13 米，海底地形平缓，比降为 0.6‰。底质类型以淤泥质粉砂和粉砂质泥为主，仅在大笔架山和笊篱头子处分布有角砾。锦州湾环境指标很差，尤其底质重金属污染严重。注入锦州湾的河流有五里河、茨山河、连山河、周流河、塔山河、朱家洼河、高桥东河、大兴堡河。除大兴堡河、高桥东河、塔山河常年有水外，其余河流均为季节性河流。

锦州湾的大规模开发始于 20 世纪 80 年代，主要进行养殖和晒盐，并开始了锦州港的建设，现已形成一定规模。紧邻锦州湾的葫芦岛港是港口。锦州湾周边的辽西走廊，历来是兵家必争之地，1948 年辽沈战役中著名的塔山阻击战就发生在海湾西北侧的塔山。

连山湾 (Liánshān Wān)

北纬 40°39.6′、东经 120°51.3′。位于葫芦岛市龙港区和兴城市的交界海域，辽东湾西北岸。一说为架舟远眺山水相连，故称连山；另一说为松山、杏山、塔山、首山相连，引为湾名。湾口朝向东南，岸线长达 22.7 千米，湾口宽约 15.86 千米，海湾面积为 36.39 平方千米，最大水深 5 米。底质类型以砂质和泥沙为主。连山湾为北方重要港湾，岸上多山，有渤海造船厂、望海寺居民区及张学良将军筑港纪念碑等，湾顶辟为海水浴场。

第三章　海　峡

里长山海峡（Lǐchángshān Hǎixiá）

北纬 39°13.9′、东经 122°16.6′。位于大连市长海县、普兰店区、庄河市的交界海域，大陆与里长山列岛之间。因水域大部分跨里长山列岛，故得此名。最窄宽度为 12.77 千米，长度为 34.5 千米，最大水深 30 米。

里长山海峡是大连至丹东陆缘海的通道。距大陆 4.6～7.6 千米处海域有黑岛、平岛、马牙岛。海底有沉船等障碍物。1894 年中日甲午战争，1904 年日俄战争和 1931 年"九一八"事变前夕，日军均经此登陆。1980 年始，经此海峡敷设海底电缆向大长山岛上供电。

中长山海峡（Zhōngchángshān Hǎixiá）

北纬 39°14.7′、东经 122°33.5′。位于大连市长海县，黄海北部，西起格仙岛海域，东至礁流岛海域。因地处里长山海峡与外长山海峡之间，故名。最窄宽度为 3.5 千米，长度为 7.1 千米，最大水深 25.7 米。常年不冻，但冬季有浮冰流入。

海峡北面为大长山岛，南面为塞里岛和哈仙岛。南有塞里水道、西有哈仙水道等 5 个通道口，素有"五大门"之称。为大连至丹东的海上走廊，1904 年日俄战争，日海军曾以此为基地。两岸有大面积人工贻贝、虾养殖区。

外长山海峡（Wàichángshān Hǎixiá）

北纬 39°09.0′、东经 122°47.4′。位于大连市长海县中东部海域，黄海北部，介于里长山列岛与外长山列岛之间。以外长山列岛得名。最窄宽度为 15 千米，长度为 23.3 千米，最大水深 33 米。

海峡两侧曲折多湾，东南部有海洋岛湾，南部有獐子岛渔港，北有大西港湾，均为锚泊良地，无障航物。

渤海海峡 (Bóhǎi Hǎixiá)

北纬 38°16.6′、东经 121°00.3′。地处渤海与黄海交界处，介于辽东半岛南端的老铁山西角和山东半岛北端的蓬莱头之间，因渤海而得名。旧称"直隶海峡"，1929 年改今名。渤海海峡是连通黄海、渤海的唯一通道，素有"渤海咽喉""京津门户"之称。长约 56 千米，最窄处宽约 99 千米，水深自西南向东北逐渐加大，最大水深 86 米，位于北部的老铁山水道。渤海海峡是我国第二大海峡，与台湾海峡、琼州海峡并称中国三大海峡。

海峡北部水域广阔，水深底平。中南部南北向纵列着庙岛群岛，自北向南有老铁山水道、北砣矶水道、长山水道和庙岛海峡等水道，其中老铁山水道、长山水道、庙岛海峡三条为通航水道。水道多为东西走向，水深一般为 10～40 米，唯老铁山水道深达 45～70 米。

海峡南端的庙岛群岛辟有数个自然保护区：国家级的长岛自然保护区和山东省级的庙岛群岛斑海豹自然保护区及长岛海洋自然保护区。

隋朝初年，东北方向的近邻高句丽侵犯东北。614 年，隋军从山东半岛东莱出发，渡渤海海峡，在辽东半岛南岸登陆，击败高句丽守军。唐朝在中国东北境内和朝鲜半岛海域，同高句丽、百济和日本进行海战。645 年，李世民指挥两路大军东征高句丽，大军由东莱起航，渡渤海海峡，在今旅顺口登陆，攻克卑沙城。1840—1842 年的第一次鸦片战争、1856—1860 年的第二次鸦片战争、1900 年八国联军入侵北京和 1937 年的日军侵华战争，侵略者均经此直趋京津。

第四章　水　道

西水道 (Xī Shuǐdào)

北纬39°44.7′、东经124°12.5′。位于丹东东港市，黄海北部。最窄宽度为770米，长度为12.57千米，最大水深6.8米。该水道连接丹东港浪头港区。

大东水道 (Dà Dōngshuǐdào)

北纬39°44.8′、东经124°09.2′。位于丹东东港市，黄海北部。最窄宽度为0.65千米，长度为17千米，最大水深15.2米。该水道南北走向，是大东港进出航道。

石城水道 (Shíchéng Shuǐdào)

北纬39°30.8′、东经123°02.4′。位于大连庄河市石城列岛海域，以邻石城岛而得名。最窄宽度为1.2千米，长度为12千米，最大水深18.8米。水道北部东侧有水深3米浅滩。它是庄河海港至大王家岛的航道。

寿龙水道 (Shòulóng Shuǐdào)

北纬39°29.2′、东经123°04.1′。位于大连庄河市的石城列岛中部海域，以邻寿龙岛而得名。最窄宽度为0.45千米，长度为5.4千米，最大水深21.3米。寿龙岛与海龟岛间有一水深2.5米的浅滩，并有一干出4.5米的礁石，为航行险处。它是庄河海港至大王家岛的航道。

大王家水道 (Dàwángjiā Shuǐdào)

北纬39°27.2′、东经123°05.7′。位于大连庄河市的石城列岛南部海域，以邻大王家岛而得名。最窄宽度为960米，长度为8千米，最大水深20.6米。底质类型为泥沙。它是庄河海港至大王家岛的航道。

格仙水道 (Géxiān Shuǐdào)

北纬39°14.6′、东经122°26.3′。位于大连市长海县瓜皮岛与格仙岛之间。以邻近格仙岛而得名。最窄宽度为2千米，长度为3.7千米，最大水深21.5米。

水道中央有 5.2～0.6 米浅水区,有碍大型船只航行,是中长山海峡"五门"之一。南北两侧近岸为贻贝养殖场。

瓜皮水道 (Guāpí Shuǐdào)

北纬 39°14.4′、东经 122°28.3′。位于大连市长海县哈仙岛与瓜皮岛之间。以邻瓜皮岛而得名。最窄宽度为 1.4 千米,长度为 3.7 千米,最大水深 27.6 米。该水道呈东北—西南走向,是中长山海峡"五门"之一。

塞里水道 (Sàilǐ Shuǐdào)

北纬 39°13.5′、东经 122°37.2′。位于大连市长海县小长山岛西端与塞里岛之间。因邻塞里岛而得名。最窄宽度为 2 千米,长度为 2.5 千米,最大水深 15 米。该水道,近呈东西走向,是中长山海峡"五门"之一。两侧有礁石,中型船只亦可航行。

哈仙水道 (Hāxiān Shuǐdào)

北纬 39°12.7′、东经 122°33.9′。位于大连市长海县哈仙岛与塞里岛之间。以邻哈仙岛而得名。最窄宽度为 2.1 千米,长度为 3.4 千米,最大水深 25 米。该水道呈南北走向,是中长山海峡"五门"之一,海底多岩礁。水道两侧是贝类养殖区,水道无障碍物。

褡裢水道 (Dālian Shuǐdào)

北纬 39°03.8′、东经 122°49.0′。位于大连市长海县獐子岛东北部海域。以邻西褡裢岛和褡裢岛而得名。最窄宽度为 1.4 千米,长度为 4.9 千米,最大水深 33 米。东接耗子岛水道,西连獐子岛水道。无障碍物,一般船只均可通行,是獐子岛至海洋岛航线的重要通道。

耗子岛水道 (Hàozidǎo Shuǐdào)

北纬 39°03.2′、东经 122°50.7′。位于大连市长海县獐子岛镇东部海域。因介于大耗子岛(今大耗岛)与小耗子岛(今小耗岛)之间而得名。最窄宽度为 1.7 千米,长度为 4.3 千米,最大水深 35 米。该水道呈东南—西北走向,底质类型为泥沙。

獐子岛水道 (Zhāngzidǎo Shuǐdào)

北纬 39°03.2′、东经 122°45.7′。位于大连市长海县獐子岛东北部，介于獐子岛东部与大耗岛、西褡裢岛之间。以邻獐子岛而得名。最窄宽度为 5.1 千米，长度为 7.3 千米，最大水深 39 米。该水道呈东南—西北走向，流速为 1.0 米／秒，泥沙底。

小三山水道 (Xiǎosānshān Shuǐdào)

北纬 38°56.0′、东经 121°50.3′。位于大连市的中山区和金州区的交界海域。因位于小三山岛与大陆之间，故水道以岛命名。最窄宽度为 3.66 千米，长度为 7.16 千米，最大水深 31 米。该水道是进出大连湾的航道。

三山水道 (Sānshān Shuǐdào)

北纬 38°54.2′、东经 121°49.9′。位于大连市中山区，大连湾湾口。因位于大三山岛与小三山岛之间，故水道以海岛命名。最窄宽度为 1.76 千米，长度为 1.1 千米，最大水深 30 米。该水道是船舶进出大连港区的主要航道。

大三山水道 (Dàsānshān Shuǐdào)

北纬 38°52.6′、东经 121°46.0′。位于大连市中山区大三山岛西侧，水道以海岛命名。最窄宽度为 8.77 千米，长度为 8.87 千米，最大水深 33 米。该水道是进出大连港的重要航道。

老铁山水道 (Lǎotiěshān Shuǐdào)

北纬 38°33.8′、东经 121°01.6′。老铁山水道是渤海海峡的组成部分，位于海峡北部，老铁山至北隍城岛之间，以北部老铁山命名。《新唐书·地理志》称其为"乌湖海"，"登州东北海行达大谢岛、龟歆岛、末岛、乌湖岛三百里；北渡乌湖海，至马石山东之都里镇"，是蓬莱至旅顺必经水路。水道最窄宽度为 40 千米，长为 30 千米，最大水深为 80 米。

第五章　滩

西大滩 (Xī Dàtān)

北纬 39°33.1′、东经 122°57.2′。位于大连庄河市石城岛西北部。以滩涂大，且位于石城岛西，取方位得名。潮滩。呈弧形，东西长约 3.5 千米，南北宽约 2 千米，低潮面积约 5 平方千米，干出高度约 0.5 米，地势平坦，表层为乱石滩，中部稍低，低潮干出后，出现很多大小干涸水湾。低潮与徐坨子、黑礁连为一体，南北长约 2.5 千米，东西宽约 500 米，东北部是浅水区。北为航行禁区，曾多次发生船舶触礁事故。

花园口滩 (Huāyuánkǒu Tān)

北纬 39°30.8′、东经 122°40.9′。位于大连庄河市花园口南。因位于花园口南而得名。花园口，古称桃花浦，据传因多桃树得名，后因桃林丛生野玫瑰，成自然园林，改名花园口。花园口滩为潮滩。东起干岛，西至盖子头，中间凹入，形成簸箕口，东西长约 9 千米，南北宽约 6 千米，面积约 50 平方千米。有新石器时期遗址。清光绪二十年（1894 年）甲午战争，日军在此登陆。现在此处建有爱国主义教育基地。附近为花园口工业区。2009 年 7 月《辽宁沿海经济带发展规划》获得国务院批准，花园口工业区被纳入该国家战略。

大礁头滩 (Dàjiāotou Tān)

北纬 39°15.5′、东经 122°37.9′。位于大连市长海县大长山岛三官庙西侧。以附近大礁头而得名。大礁头滩为海滩。面积约 1.5 平方千米，地势平坦，东部为泥沙质滩，西部为砂砾质滩，岸线平滑，从小银窝北岸向南延伸约有长 700 米砂砾岗连接大礁头。落潮时在岗东西两侧形成很多大小水湾，如连环套，一个叫"韧子"，一个叫"膛子"。

钟楼大滩 (Zhōnglóu Dàtān)

北纬 39°14.1′、东经 122°30.5′。位于大连市长海县哈仙岛北部。钟楼大滩为海滩。南北宽约 1 千米，东西长约 2.5 千米，面积约 2.5 平方千米。地势平缓，为砂砾质滩，由东、西两滩组成，低潮连成一体。

西滩 (Xī Tān)

北纬 39°13.9′、东经 122°42.0′。位于大连市长海县小长山岛房身村南部。以滩涂面向西方而得名。西滩为海滩。面积约 1 平方千米，南北长约 0.5 千米，滩涂平坦，南北两侧为基岩海岸，中间属细砂海岸，为天然海水浴场。

沙尖子沙 (Shājiānzi Shā)

北纬 39°11.0′、东经 122°18.6′。位于大连市长海县广鹿岛沙尖子村西北部。近沙尖子村，以村命名。沙尖子沙为海滩。由东南一西北走向的细砂组成。沙体长约 500 米，宽约 300 米。现已开辟为海水浴场。

熊岳滩 (Xióngyuè Tān)

北纬 40°14.0′、东经 122°05.7′。地处营口市鲅鱼圈区和盖州市的交界处，辽东湾东岸。熊岳河自该滩入海，由熊岳河供砂，在波浪作用下形成。滩以河得名。熊岳滩为海滩。滩长 10 千米，宽 3 千米。滩上水深东浅西深。底质沙多泥少。干出面积为 30 平方千米，滩面略似弯弓形，向西北延伸。

天桥沙 (Tiānqiáo Shā)

北纬 40°49.3′、东经 121°04.6′。位于锦州凌海市，辽东湾北岸。因潮水从大笔架山之东西两侧挟沙石不断冲积形成一条登岛天然通道，连岛坝长 1.62 千米，宽 9 米，故名天桥。天桥沙为海滩。"天桥"随着潮水的涨落而时隐时现。落潮时，海水向两边退去，通道便从海中浮现出来；潮水落尽，"天桥"便显露出来，直通笔架山，游人可沿此段沙石路登岛上山或离岛。涨潮时，海水又从两边向这条卵石铺成的通道夹击而来，涨满潮时"天桥"就完全隐没于海中了。

兴城平滩 (Xīngchéng Píngtān)

北纬 40°30.4′、东经 120°44.1′。地处葫芦岛兴城市东部，辽东湾西岸。古称宁远平滩。因邻近兴城且又平坦，故名。兴城平滩为潮滩，由兴城、温泉、七里、曹庄等河入海堆积而成，呈东北一西南走向，北起北兴城角，南至观台石礁。东北、西南两侧较窄，中间较宽，长约 14.75 千米，平均宽约 3 千米，面积约 45 平方千米，泥沙质。

第六章　半　岛

辽东半岛 (Liáodōng Bàndǎo)

北纬38°43.3′—40°58.8′、东经121°05.2′—124°13.3′。位于辽宁省东南部，鸭绿江口与辽河口连线以南，伸入黄海、渤海间的陆域。民国徐曦《东三省纪略》卷四曰："辽东半岛与登州半岛相望，扼北洋之门户。"大连市金州区以南部分又称旅大半岛。

辽东半岛是我国三大半岛之一。千山山脉构成半岛的脊梁，属于新华夏系隆起带的一部分，北起连山关，南到老铁山，长约340千米，一般海拔不到500米，个别高峰海拔1 000米以上（最高海拔为步云山1 131米）。千山山脉将辽东半岛分成两大斜面，东南坡较平缓，有大洋河、英那河、碧流河、大沙河等较长水系，注入黄海。西北坡较陡峻，有大清河、熊岳河、复州河等较短水系，注入渤海。辽东半岛海岸线长1 000余千米，沿岸有长山群岛等几百座岛屿，绝大部分分布在黄海。鸭绿江口到大洋河为淤泥质平原海岸，大洋河口到大沙河口为基岩淤泥海岸，长兴岛到西崴子为基岩砂砾海岸，大沙河到长兴岛为典型基岩港湾海岸，岬湾曲折，有大连湾、旅顺口等良港。半岛周边的金州湾、大连湾为两个构造盆地，在最近地质时代曾下降，形成弯曲的海岸线，半岛沿岸分布有我国重要港口，如大东港、大连港、营口港等。半岛位于暖温带北部。年均气温8～10℃，最热月均温24～25℃，最冷月均温-10～-5℃。年均降水量为550～900毫米，60%集中在夏季，属半湿润气候。地带性植被为落叶阔叶林，主要树种有赤松、麻栎、栓皮栎、檞栎等，林间灌木主要有崖椒、胡枝子、照白杜鹃等。半岛南端的老铁山是候鸟迁飞必经之地，附近的蛇岛栖息着大量蝮蛇，1980年均被列为国家级自然保护区。辽东半岛天然林极少，多为人工林和灌丛。土壤以棕壤为主，河谷低地为草甸土，滨海有盐土分布。半岛地区矿产丰富，如煤矿、铁矿等。沿岸还有制盐、芦苇加工等工业，另有渔业和浅海水产（如海参、鲍鱼、扇贝等）。长达 375 千米的沈（阳）—大（连）高速公路，以及于 2012 年通车的哈大高铁，纵贯半岛，使半岛上的内陆机场、港口都有了开放的通道。半岛最南端的旅顺口已辟为综合性风景名胜区。半岛重要的城市有大连和营口等。

旅大半岛 (Lǚdà Bàndǎo)

北纬 38°43.3′ — 39°05.7′、东经 121°05.2′ — 121°54.3′。位于辽东半岛南端，大连市金州区以南地区，因有旅顺、大连两港而得名，为辽东半岛的一部分。半岛西侧为渤海，东侧为黄海。南与山东半岛隔渤海海峡相对，为京津的屏障和战略要地。

第七章 岬 角

老虎尾 (Lǎohǔ Wěi)

北纬 39°16.3′、东经 122°41.0′。位于大连市长海县大长山岛东部，中长山海峡东口北侧。因岬角延伸入海形似老虎尾巴得名。

东西走向，长约 1 千米，面积约 1 平方千米，海拔 18.2 米，侵蚀海岸特征明显，由片麻岩构成。三面岩岸较陡，有松槐和锦槐，岸边有成片的海莲花丛。附近多礁石，水深 9.7 米，流速为 0.3 米 / 秒。产海参、蟹、蚬子、牡蛎、海胆。岬角东端有古老岩层，对地质形成有研究价值，列为自然保护区。

城山头 (Chéngshān Tóu)

北纬 39°09.2′、东经 122°09.8′。位于大连市金州区大李家街道东部，因金元时期的古城遗址而得名。岬角向东突出，周边海岸海蚀地貌发育，现建成国家级滨海地貌保护区。

常江海岬 (Chángjiāng Hǎijiǎ)

北纬 39°03.7′、东经 122°03.6′。位于大连市金州区金满街道东南，常江澳与黄嘴子湾之间，岬角向东南突出，建有高尔夫俱乐部。

老铁山西角 (Lǎotiěshān Xījiǎo)

北纬 38°43.6′、东经 121°07.9′。位于大连市旅顺口区，辽东半岛南端老铁山西侧。岬角因位于老铁山西侧而得名。

清光绪十九年（1893 年）在此建的一座 14 米高白色圆柱形灯塔，即老铁山灯塔（北纬 38°43.6′、东经 121°08.1′），现仍完好无损。该灯塔系清政府请法国人设计和制造的，主要零部件由英国人建造和调试而成。曾被沙俄军队利用，后被日军占领，再被苏军接管，直到 1955 年苏军撤走。新中国成立后，经过多次的改造和维修，已采用电灯代替了煤油灯，用电机代替了原来的机械传动，还建有无线电指向标 1 座，继续发挥着作用。1998 年，老铁山灯塔被国际航标协会列为世界 100 座著名航标灯塔之一。老铁山灯塔坐落在石头砌成的基座上，三面环海，一面靠山，其塔身高 14.2 米，外径 6 米，通体白色。灯具采用 288 块水晶镶嵌而成的"四面双牛眼透镜"，灯高 100 米，采用闪（2）白 30 秒，光弧 282°～178°，有效射程 25 海里，至今仍为亚洲照度最强、能见距离最远的航标灯塔。老铁山西角至山东北隍城岛之间为老铁山水道，是通往营口、葫芦岛、秦皇岛、天津港的必经之路。老铁山西角与山东半岛蓬莱角之连线为黄海与渤海分界线，角东为黄海，角西为渤海。据说在分界线的海底有一条因地壳变化而形成的海沟。因泥沙、杂质含量不同的海水随着不同的海流在海沟一带交汇而形成了这样一条水线。岬角的东侧海水泛黄，西侧则较为碧蓝。

复州角 (Fùzhōu Jiǎo)

北纬 39°44.6′、东经 121°27.6′。位于大连瓦房店市黄泥洞村西，处复州湾北岸。因位于复州城西部海岸，故名。岬角上基本为农田，建有风力发电机组。

仙人岛岬角 (Xiānréndǎo Jiǎjiǎo)

北纬 40°10.8′、东经 121°59.0′。位于营口盖州市仙人岛村，辽东湾东岸。因角上有仙人洞、狐仙庙，故名。

仙人岛岬角原为海岛，在海洋动力作用下，沿岸泥沙在海岛与陆地之间堆积形成了连岛坝，仙人岛连陆，使海岛成为岬角。岬角呈靴状由西延伸入海。长 1.5 千米，宽 1 千米，面积 1.5 平方千米，海拔 47.3 米，坡度平缓。东北岸的墩台山上，有唐代始建、明代重修的兔儿岛墩台。清代始建村庄，现设有村委会及边防哨所。岬角岸滨有岩洞、礁石、海滩等自然景观，"兔岛潮吼"为熊岳古八景之一。

盖州角 (Gàizhōu Jiǎo)

北纬 40°25.5′、东经 122°12.5′。位于营口盖州市团山镇，辽东湾东岸。以盖州卫而得名。

岬角中部隆起，长 1.5 千米，海拔 20.8 米。面临大海似一道海防屏障。岬角北低凹带，受海水侵蚀。海滩及沿岸奇石绚丽，景观壮美，有"石门的天然船坞"

和"海滨风光浴场"之美称。基岩为花岗质千枚岩、石英岩，上部为第四纪沉积层，岩性以亚黏土为主。角北有渔港、边防哨站、海神庙、航标灯等。

永远角 (Yǒngyuǎn Jiǎo)

北纬40°42.3′、东经122°09.3′。位于营口市西市区辽河口南岸，辽东湾东岸。以象征义命名。

永远角呈三角形，自南向北延伸入河口，长约3.9千米，宽2.6千米，面积约10平方千米，海拔最低1.9米，最高2.3米，由大辽河水挟带的大量泥沙沉积而成。地表水网纵横，自然形成20余条小河沟。角上遍生芦苇，高处有碱蓬。岬角处建有辽河大桥。

笊篱头子 (Zhàoli Tóuzi)

北纬40°47.3′、东经120°58.9′。位于葫芦岛市龙港区北港街道山里村东，辽东湾西岸。东西长约300米，南北宽约250米，高程13米。上面建有房屋，其东侧为渔港。

葫芦岛高角 (Húludǎo Gāojiǎo)

北纬40°42.8′、东经121°01.5′。位于葫芦岛市龙港区，辽东湾西岸。因近葫芦岛而得名。

岬角东西长500米，南北宽150米，面积75 000平方米，海拔123米，由片麻岩构成。岬角南、东两侧陡峭。西坡较缓，北与低山丘陵相连，岬角东侧有两大礁石南北对峙。角上杂草茂盛，灌木丛生，建有白色圆柱形混凝土结构灯塔，塔高10米，照射范围18海里。

望海寺角 (Wànghǎisì Jiǎo)

北纬40°41.9′、东经120°57.0′。位于葫芦岛市龙港区连山湾北岸，辽东湾西岸。因邻近望海寺，故名。

长200米，均宽35米，面积7 000平方米，海拔34.4米。西南向海，西、南、东三面崖壁陡峭，片麻岩裸露。前端被海潮冲截脱陆，形成南北耸立的两大礁石。北接海滨公园，西有海湾，为天然海水浴场。附近建有望海寺。

北兴城角 (Běixīngchéng Jiǎo)

北纬 40°36.1′、东经 120°47.6′。位于葫芦岛市区和兴城市的交界处，兴城河口北侧，兴城滨海旅游度假区南端，辽东湾西岸。因地处兴城北，又与南兴城角相对，故名。附近建有度假酒店等旅游设施，岬角南部为河口区域，现已围填。

南兴城角 (Nánxīngchéng Jiǎo)

北纬 40°28.9′、东经 120°39.7′。位于葫芦岛兴城市，处辽东湾西岸。因位于兴城南，又与北兴城角相对，故名。古称"南宁远角"。由花岗岩构成，东南向入海。长约 150 米，面积约 0.02 平方千米，呈馒头状，海拔 18 米。土层较薄，生有蒿草。

长山寺角 (Chángshānsì Jiǎo)

北纬 40°22.7′、东经 120°35.4′。位于葫芦岛兴城市刘台子满族乡台里村北，处辽东湾西岸。因有长山寺庙，故名。

长约 100 米，向北延伸入海，海拔 11.2 米，由混合花岗岩构成，表为黄沙土生有杂草，东北与小海山岛隔海相望。附近建有渔码头 1 处。岬角上建有风力发电机组。

叼龙嘴 (Diāolóng Zuǐ)

北纬 40°11.8′、东经 120°26.6′。位于葫芦岛市绥中县塔山屯镇团山村南，处辽东湾西岸。因岬角长而突出，似龙入海衔食，故名。

岬角前伸 1.5 千米，东侧海沙堆积，因潮汐影响，岬角渐显平缓。由砂砾、碎石构成。岬角上设有靶场和测量标志。2000 年，叼龙嘴灯塔（北纬 40°12.8′、东经 120°27.2′）投入使用，柱体由白红相间三角形混凝土塔构筑而成，射程 18 海里。2008 年，中国气象局环渤海一期监测网络系统辽宁省叼龙嘴灯塔自动气象站初步建成并投入业务试运行。该自动站观测项目含气压、温度、湿度、风向、风速、能见度、雨量、海温、海盐和海浪 10 个要素。

环海寺地嘴 (Huánhǎisìdì Zuǐ)

北纬 40°00.2′、东经 119°54.9′。位于葫芦岛市绥中县万家镇杨家屯村东，芷锚湾南，处辽东湾西岸。因岬角上原建有环海寺庙而得名。

由风化岩构成，呈东北—西南走向。长800米，宽100米。岬角上建有环海寺庙，有芷锚湾海洋站、派出所、万佛禅寺等。附近有灯塔，射程15海里。

黑山头 (Hēishān Tóu)

北纬39°59.5′、东经119°52.6′。位于葫芦岛市绥中县西南海岸，处辽东湾西岸。因近黑山，以山名命名。

岬角前伸100米，东西长60米，南北宽30米，面积1 800平方米，海拔12米，地势平缓。有秦汉古建筑遗址，岬角南有二石，称龙门。与北岸龙头对峙，在岬角上有营房，岬角下有龙门礁，海边建有别墅1处。

第八章 河 口

鸭绿江口 (Yālùjiāng Kǒu)

北纬 39°48.4′、东经 124°17.1′。位于辽宁省丹东市和朝鲜民主主义人民共和国新义州市交界处。因系鸭绿江入海口而得名。

鸭绿江是中华人民共和国和朝鲜民主主义人民共和国的界河，发源于中朝边境长白山主峰白头山南麓白泊子。河流全长 790 千米，流域面积 61 889 平方千米，多年平均流量 289.47 亿立方米，多年平均输沙量 113 万吨。鸭绿江，秦汉时称马訾水，隋、唐时称鸭绿水，辽、金时称鸭渌江，自元代起始名鸭绿江，因江水呈鸭头绿色而名之。又因沿江曾为渤海国益州所治，故亦称益州江。

鸭绿江口的上界原在燕窝附近（距河口 45 千米），后由于受上游水电站节制，来水减少，1985 年潮区界（河口上界）上移到马市台附近（距河口 54 千米）。河流近口段介于马市台和东尖头附近（距河口 41 千米），此河段长 13 千米。该段河流在瑷河与鸭绿江汇流下段分汊，形成多智岛、威化岛和马市夹心子等江心洲，然后在鸭绿江大桥上游又汇流成独流河道。河流河口段从东尖头至河口口门（江海分界线附近），长 41 千米，该段河流受潮流影响显著，河口自浪头镇以下逐渐展宽，形成喇叭状河口湾型河口，河口多岛屿浅滩，如草柳岛、黄金坪、绸缎岛等，河口两侧潮滩发育，河口口门宽 22.21 千米。口外海滨段，从河口口门（河海分界线）向外海边延伸至 40 米水深，该段的最大特点是潮流脊特别发育。潮流脊呈北北东向线状平行分布，相对高差 10～15 米，脊间距 1～2 千米，脊长 10～15 千米。鸭绿江口属规则半日潮海域，鸭绿口为强潮型河口，且潮差由河口向上游逐渐减小；口门处的大东港平均潮差为 4.6 米，最大潮差为 6.7 米，沙子沟（距口门 11 千米）平均潮差为 4.4 米；蚊子沟（距口门 23 千米）平均潮差为 4.06 米；浪头（距口门 28 千米）平均潮差为 3.84 米；丹东（距口门 38.5 千米）平均潮差为 2.41 米，最大潮差为 4.46 米。口外海滨区海流以往复流为主，表层实测涨潮流速为每秒 0.85～1.65 米，表层实测落潮流速为每秒 0.91～1.17 米。河口海域常波向为东南偏南向，最大波高 4 米。南向河口区自 11 月中旬至翌年 3 月下旬为冰期，固定冰宽约 25 千米，冰厚 20～30 厘米，最厚 50 厘米。底质以砂为主。

中朝两国通过协商确定三处地理坐标点来划分鸭绿江口江海分界线，其中两处在朝鲜民主主义人民共和国境内，另一处在我国东港市大东港区内。1 号标志位于朝鲜境内小多狮岛最南端，即北纬 39°48.38′、东经 124°24.52′ 处，在磁方位角 145°38.3′、距离 1 290 米处为朝鲜境内大多狮岛三角点；2 号标志位于朝鲜境内薪岛北端，即北纬 39°49.36′、东经 124°13.73′ 处，在磁方位角 95°51.79′、距离 15 512.9 米处为上述 1 号江海分界标志；3 号标志位于中国境内大东沟（现在的东港市大东港区）以南突出最南端，在北纬 39°49.77′、东经 124°09.04′ 处，在磁方位角 95°51.79′、距离 6 736.3 米处为上述 2 号江海分界标志。把以上三处标志连成线，即从位于朝鲜的小多狮岛最南端的 1 号江海分界标志起，以直线经位于朝鲜薪岛北端的 2 号江海分界标志，到位于大东沟以南突出部最南端的 3 号江海分界标志，这样就确定了中朝两国的江海分界线。

鸭绿江口开发历史悠久，1907 年开辟为贸易港，经过 100 多年的建设，现已开辟了丹东港区、浪头港区和大东港区，其中以大东港区规模最大，可靠泊万吨级货轮。鸭绿江口及其西岸建有鸭绿江口滨海湿地国家级自然保护区，同时还是芦苇资源丰富地区，为辽宁省第二大芦苇生产基地。

大洋河口 (Dàyánghé Kǒu)

北纬 39°50.0′、东经 123°39.2′。位于丹东市东港市，处黄海北岸。因大洋河由此入海，故名。大洋河古称"羊河"，后改称大洋河。河流长 201.7 千米，河口宽约 7.6 千米，流域面积 6 202 平方千米，年均径流量 20.5 亿立方米，年均输沙量 68.4 万吨。

该河口属海相沉积和陆相沉积层。最高潮位 4.39 米，最低潮位 1.38 米，平均潮位 0.75 米，涨潮流速为 0.5 米/秒，落潮流速为 0.73 米/秒，波高 1.6 米。河口区属于鸭绿江口滨海湿地保护区。

碧流河口 (Bìliúhé Kǒu)

北纬 39°28.3′、东经 122°33.8′。位于大连市的庄河市和普兰店区的交界处。因碧流河由此入海，故名。河流长 167 千米，河口宽为 1.42 千米，流域面积 2 817 平方千米，年均径流量 8.76 亿立方米，年均输沙量 50.3 万吨。

河口开阔坦荡，气候温和，水源充沛，适宜水产养殖。河口上游有碧流河水库，是供大连市工业和居民主要用水源。附近有大连市潮汐水文站。

熊岳河口 (Xióngyuèhé Kǒu)

北纬 40°12.4′、东经 122°03.5′。位于营口市鲅鱼圈区和盖州市的交界处，处辽东湾东北岸。因是熊岳河入海口而得名。河口呈喇叭状，河流长 70 千米，河口宽为 1.54 千米，流域面积 440 平方千米，年均径流量 8.9 亿立方米，年均输沙量 17.2 万吨。

西河口 (Xī Hékǒu)

北纬 40°27.8′、东经 122°17.0′。位于辽东湾东岸，东距盖州市盖州镇 8.5 千米。又名大清河口。大清河下游分三支入海，该河口为北大汉，因位于盖州城西，惯称西河口。河流长度为 100.7 千米，河口宽为 523 米，流域面积 1 482 平方千米，年均径流量 2.27 亿立方米，年均输沙量 49.9 万吨。河口淤积严重，形成无数小沙丘，呈西延趋势。潮期水面较宽，呈不规则半日潮，潮差 3.8 米。

辽河口 (Liáohé Kǒu)

北纬 40°41.0′、东经 122°09.0′。位于盘锦市大洼区和营口市老边区的交界处。因原为辽河入海口，故名，现为大辽河入海口。

大辽河原为辽河的重要组成部分，1958 年之前辽河由东辽河、西辽河、绕阳河、太子河和浑河等河流构成，其河口通称为辽河口。辽河在汉时又称辽水，其入海口称为辽口，以后又称历林口。历史上辽河口迁徙不定：汉代在安市县入海（今海城东南营城子），明代辽河口位于梁房关口（即今营口附近大白庙子）。明末清初，辽河口外有一沙岛，曾有兵营驻扎，故曰营口。19 世纪 20 年代至 30 年代该岛与陆地相连，遂使辽河河口延伸于河口之外。在 1958 年之前辽河下游分两股入海：一股是经台安县六间房以下的双台子河从盘山入海；另一股是经六间房至三岔河的外辽河、同浑河、太子河汇合后的大辽河从营口入海。两股入海河道间互通联络。1958 年在台安县与盘山县交界的六间房建闸，堵死外辽河后，辽河水系才分成两个独立水系。辽河、绕阳河在盘山境内汇流入海，称双台子河；浑河、太子河汇流后由营口入海，称大辽河。

大辽河主要由浑河及太子河汇流构成：浑河全长 415 千米，流域面积 11 480 平方千米；太子河全长 413 千米，流域面积 13 880 平方千米。大辽河长 89 千米，流域面积 2 830.7 平方千米，大辽河多年年均径流量 46.57 亿立方米，多年年均输沙量 303 万吨。

辽河口上界分别位于太子河的唐马寨（距河口 137.8 千米）和浑河的邢家窝堡（距河口 145 千米）。

大辽河的河流近口段：太子河由唐马寨至三岔河，河长 43.8 千米；浑河由邢家窝堡至三岔河，河长 51 千米，该河段主要受河流影响，河道发育比较正常。河流河口段由三岔河至河流口门，河长 94 千米，该河段已进入平原区，受河海共同影响，河道曲流特别发育。口外海滨段从河口口门至西滩、东滩外深槽，东滩、西滩即为辽河口拦门沙，在大辽河导流堤修建之前，东、西滩面积增长很快，1909—1916 年西滩淤高 0.5 米，修建导流堤后，由束流攻沙，两滩面积在 20 年间减少约 1/3，西滩略有增高，东滩基本未变。由于辽河和大辽河分流，加之浑河、太子河中上游水库建设，大辽河入海泥沙大量减少，河流河口段和口外海滨段地形相对稳定。

辽河口区为非正规半日潮海区，平均潮差 2.71 米，最大潮差 4.43 米；口外海滨区以往复流为主，涨潮流速为每秒 0.72～0.88 米，落潮流速为 0.81 米 / 秒，大潮平均含沙量为每升 16.68～292.68 毫克。沉积物以砂类和黏土质粉砂为主。

辽河口航运活动始于清康熙年间，为了解决辽东赈灾运输问题，清康熙三十四年（1695 年）二月，康熙帝亲至天津"路海道"，认为"自大沽口达三汊，较便于登州"，于是开辟了自天津直抵牛庄的航线，各地商船来往牛庄者日益增多。1840 年鸦片战争后，英国于 1858 年占据营口并开始建港，1861 年辟为商埠，成为"东方贸易良港"。清同治三年（1864 年）开港，一时营口港成为一方重要港口。1905年日俄战争后，日本辟大连港为商港，侵夺营口港海上运输，导致营口港衰落，虽经1915年修建西导流堤2 700米，1916—1928年修建东导流堤14 250米并整治航道，但水深也只维持在2.7米左右。1935年营口港一度繁荣，以后该港一直不甚兴旺。

傍辽河口的营口市历史悠久，金牛山猿人洞是迄今东北地区发现最早的旧石器时代遗址，同时还保存有严楞寺古庙、清时要塞炮台等古文化、古战争遗址；河口湿地也是辽河口区的重要景观。

双台子河口 (Shuāngtáizihé Kǒu)

北纬40°53.2′、东经121°48.2′。位于盘锦市盘山县，辽东湾北岸。因辽河于1958年在六间房堵死外辽河后，经双台子河入海，故名双台子河口。

辽河系辽宁省第一条大河，河长1 396千米，总流域面积219 000平方千米。辽河，在汉代称大辽水，又名句骊河、巨流河、枸柳河，别名潢水。汉代辽河口称为辽口，后又称为历林口，在安市县入海（今海城东南营城子），直至北魏时期。金代时辽河尾闾西移至今牛庄入海。明初开始，辽河分流，主泓大幅度向西移动，河流从梁房关（口）（今营口附近大庙子）入海。据载清康熙二十一年（1682年）在辽河入海口设"三岔巡司，驻牛庄西乡，三家子，石佛寺等处"。辽河经石佛寺后，又经西古树、白蒿沟至东昌堡，形成一个弓形曲流入海。又据熊知白《东北县治纪要》载，清道光年间，因辽河泥沙淤塞，梁房口西南海岛与大陆相连，辽河在今营口市入海，清咸丰十一年（1861年）"辽河盛涨，右岸冷家口溃决，顺双台子潮沟内刷成新槽分流入海，是为减河之始"。清同治年间（1862—1874年），"春旱，土人塞之，减河于是绝流"。清光绪年间（1875—1908年），辽河尾闾淤塞，泄水不畅，乃人为"挑担归槽，分引辽河入海"，"自是减河复开"成为辽河入海的分流河道。以后，分流量不断增加，成为主泓道；而营口故道因分流量减少，河道路线变窄而退居为岔流，被称为"外辽河"。为了防潮蓄淡，1968年建了辽河盘山大闸。

双台子河口上界，在1968年建闸之前位于距河口口门65千米的常家窝堡，1968年建闸后则位于距河口口门68千米的盘山闸处。河流近口段位于盘山闸至绕阳河、辽河汇流处（李家铺），长 44 千米，由于该河段地处辽河下游平原区，河道曲流发育；河流河口段从李家铺至河口，河长为 21 千米，该河段以潮流作用为主，河道由上至下逐渐变宽，至八仙岗以下形成喇叭口状，河口两岸滩涂宽阔。从八仙岗、接官厅开始便进入口外海滨段，这段最大特征是河口拦门沙及其间深槽比较发育，其中最著名的是盖州滩，该滩为南北走向（顺河道方向），南北长 25 千米，东西宽 8 千米，干出（落潮后）面积 103 平方千米。此外尚有东滩、西滩等数个小滩，这些滩的发育明显受辽河来沙影响，1969 年朱家建闸后切断了泥沙来源，滩地已无明显增长。与拦门沙相伴生的便是冲刷槽，由于盖州滩西侧分布有数条拦门沙，这些沙坝之间便形成了深槽，其水深为 3～8.5 米，最大水深达 13 米，最长深槽达 4.3 千米。

辽河口属正规半日潮海域，平均潮差 2.94 米，最大潮差 4.54 米；实测流速近岸为每秒 0.1～0.3 米，广大海域为每秒 0.4～0.6 米，辽河口门外表层最大实测流速达 1.41 米/秒，底质以砂和粉砂质黏土为主。河口海域一般每年 11 月下旬结冰，翌年 3 月中下旬终冰，冰期 80～130 天，严重冰期 30 天，一般固定冰宽 2.4 千米；冰情严重年份，宽 5～15 千米，冰厚 30～60 厘米，最厚可达 1 米。

双台子河口区土地资源丰富，滩涂广阔，是我国重要的产粮区，也是世界第二芦苇产区，辽河三角洲已建成国家级双台子河口湿地自然保护区。同时，双台子河口区石油资源丰富，已建成我国第三大油田。

大凌河口 (Dàlínghé Kǒu)

北纬 40°52.0′、东经 121°33.3′。位于盘锦市盘山县和锦州凌海市的交界处。因是大凌河入海口，故名。大凌河，古称白狼河，河流长 383 千米，河口宽为 1.12 千米，流域面积 23 549 平方千米，年均径流量 19.63 亿立方米，年均输沙量 2 740 万吨。河口为锦州市和盘锦市之间界河口。

大凌河口，隋时在右屯卫，明代后期自东南移 15～18 千米到文字宫附近，大凌河分汊入海，主泓时有摆荡，明时多东摆入盘锦湾，清时则流入辽东湾。20 世纪以来，50 年代前东摆，50 年代后又南摆。

小凌河口 (Xiǎolínghé Kǒu)

北纬40°52.6′、东经121°16.6′。位于锦州凌海市娘娘宫和建业一带，辽东湾北岸。因是小凌河入海口而得名。河流长206.2千米，河口宽为887米，河口两岸为软泥滩，口长约2千米。流域面积5 475平方千米，年均径流量4.03亿立方米，年均输沙量364万吨。

烟台河口 (Yāntáihé Kǒu)

北纬40°26.2′、东经120°35.6′。位于葫芦岛兴城市，处辽东湾西岸。因是烟台河入海口，故名。河流长39千米，河口宽为942米，河口段长约250米，呈喇叭状。流域面积546平方千米，年平均径流量2 990万立方米。

六股河口 (Liùgǔhé Kǒu)

北纬40°16.1′、东经120°29.9′。位于葫芦岛兴城市和绥中县的交界处，处辽东湾西北岸。因是六股河入海口，故名。据《奉天通志》卷七十九《热河志》载"六股河，盖以摩该图呼鲁伯楚特河、额里叶河、布勒图河、四道沟河五水及苋济之经流为六也"，故称六股河。河流长153.2千米，河口宽为2.25千米，流域面积3 080平方千米，平均径流量6.02亿立方米，年平均输沙量148万吨。口外海滨水深达20米，由水下沙脊、洼地构成。河口处三角沙洲发育，海岸主要为沿岸坝和风成沙丘。

狗河口 (Gǒuhé Kǒu)

北纬40°09.4′、东经120°15.9′。位于辽东湾西北部，葫芦岛市绥中县境内。因是狗河入海口，故名。该河原名"高儿河"，后演化为"沟儿河"，谐音简称为"狗河"。河流长80千米，流域面积1 980平方千米。河口宽为795米。河口向东南，河口两侧为冲海积平原和海滩。

石河口 (Shíhé Kǒu)

北纬40°05.6′、东经120°05.2′。位于葫芦岛市绥中县辽东湾西北岸。因是石河入海口，故得名。河流长80千米，河口宽267米，流域面积1 600平方千米。河口呈西北—东南走向，两侧均建有渔码头。

海岛地理实体
HAIDAO DILI SHITI

第九章　群岛列岛

长山群岛 (Chángshān Qúndǎo)

北纬 39°00.6′—39°33.4′、东经 122°17.7′—123°13.3′。位于辽东半岛东南，黄海西北部海域。以群岛中的主岛大长山岛得名。亦称长山列岛。《中国自然地理·海洋地理》(1979)称为长山列岛，20世纪80年代初以后的资料多称长山群岛。我国北部最大的群岛，由里长山列岛、外长山列岛和石城列岛组成，其中里长山列岛、外长山列岛位于大连市长海县，石城列岛位于庄河市东南，排列在长达百余千米的海面上。共有海岛 243 个，陆域总面积 150.810 5 平方千米。其中，广鹿岛面积最大，为 26.394 7 平方千米。海洋岛南部的哭娘顶最高，海拔 373 米。基底为变质岩系的片麻岩、板岩、石英岩和绢云母片岩。沿岸断裂、褶皱构造发育，海蚀和海积地貌显著。南部海岛重峦叠嶂，地势险峻。北部海岛均为 200 米以下的丘陵漫岗，山丘面积约占陆地总面积的 90%。岛上多种植松、槐等，植被覆盖率较低。长山群岛属暖温带季风气候，年均气温 9.8～10.8℃，年均降水量 625～665 毫米。周围海域水深 10～40 米，产鲅鱼、鲅鱼、牙鲆、小黄鱼、带鱼、虾等，特产海参、鲍鱼、扇贝等。

群岛中有居民海岛 23 个，2011 年总人口 120 773 人。其中长海县辖大长山岛镇、獐子岛镇、小长山乡、广鹿乡、海洋乡 2 镇 3 乡，行政村 23 个，社区 7 个。海水增养殖业是长海县支柱产业，养殖品种有刺参、盘鲍、扇贝、海胆等。有适宜浮筏养殖海域近 40 万亩（约 267 平方千米），适宜海参、鲍鱼等海珍品底播增殖海域近 300 万亩（约 2 0000 平方千米），适宜鱼类放流增殖的潮下带 135 万亩（约 900 平方千米）。至 2011 年，全县实施投资规模 2 000 万元以上海洋牧场项目 32 个。獐子岛镇海水淡化工程、大长山岛跨海引水工程、广鹿铁山引水工程及屋檐集雨为重点的人畜饮水工程实施后，海岛淡水资源供给充足。1980 年铺设海底电缆，向岛上供电。建有长海大长山岛机场，有直达大连周水子国际机场的航班。各有居民海岛之间全部通船，每天往返大陆。全县公路网基本形成。1985 年，建成长海海洋珍稀生物自然保护区（省级），范围包括核大坨子、核二坨子、核三坨子及周围海域，主要保护对象是刺参、皱纹盘鲍、栉孔扇贝等海珍品。

里长山列岛 (Lǐchángshān Lièdǎo)

北纬 39°08.6′—39°18.4′、东经 122°17.7′—123°02.6′。位于辽东半岛东南部海域，为长山群岛的组成部分，与外长山列岛之间以外长山海峡相隔。因在外长山列岛之内侧而得名，亦称里长山群岛。《中国海洋岛屿简况》（1980）中称其为里长山群岛。《中国海域地名志》（1989）等资料均称其为里长山列岛。列岛呈东西走向，跨度 60 多千米，由大长山岛、小长山岛、广鹿岛等 141 个海岛组成，陆域总面积 84.337 4 平方千米。广鹿岛最大，面积达 26.394 7 平方千米；大长山岛次之，面积 24.880 4 平方千米。广鹿岛最高，最高点海拔 251.7 米。列岛多为低山丘陵地，由片麻岩和石英岩构成。南部多悬崖峭壁，北部多沉积泥沙滩涂，小块平地分布在沿岸低缓地带。山峰多植黑松，道路两旁以槐、柳等为主，植被覆盖率较低。里长山列岛属暖温带季风气候，年均气温 9.8℃，年均降水量 625 毫米。3—6 月多海雾。海底地势由北向南渐深。

大长山岛为大连市长海县和大长山岛镇人民政府驻地，小长山岛为小长山乡人民政府驻地，广鹿岛为广鹿乡人民政府驻地。中长山海峡从列岛中间穿过，沿岸曲折多港湾，水道纵横，交通、战略地位重要。岛际间已形成交通网络，大连至各有居民海岛有班轮。海水增养殖业发达。旅游景点有祈祥园、北海浴场、三元宫、建岛守岛纪念塔、双凤朝阳、妈祖庙、沙尖子浴场、朱家屯贝丘遗址等。

外长山列岛 (Wàichángshān Lièdǎo)

北纬 39°00.6′—39°06.2′、东经 122°42.0′—123°13.3′。位于辽东半岛东南黄海海域，为长山群岛的组成部分。位于长山群岛距陆最远的外缘，故名。亦称外长山群岛。《中国海洋岛屿简况》（1980）中称之为外长山群岛。《中国海域地名志》（1989）等资料均称为外长山列岛。由海洋岛、獐子岛、大耗岛、小耗岛等海岛组成，陆域总面积 33.065 1 平方千米。海洋岛最大，面积 18.18 平方千米；獐子岛次之，面积 8.79 平方千米。列岛东部海洋岛的哭娘顶最高，最高点海拔 373 米。山峰大多呈环状排列，地势高耸挺拔，沟谷交错，外壁多悬崖绝壁。基岩多为绢云母片岩和石英岩。植被覆盖率较高。外长山列岛属暖温带季风气候，年均气温 9.8℃，年均降水量 638 毫米，7—10 月为防台防汛期。

列岛中有居民海岛 6 个，即獐子岛、海洋岛、大耗岛、小耗岛、褡裢岛、西褡裢岛，2011 年总人口 26 506 人。交通便利，淡水充足，由海底电缆直接供电。獐子岛为长海县獐子岛镇人民政府驻地。2001 年大连獐子岛渔业集团股份有限公司成立，2006 年上市，全岛居民皆为股东。岛上建有几处大型育苗厂，周围海域主要实施底播养殖，种类有皱纹盘鲍、刺参、虾夷扇贝、海螺、紫海胆等。海洋岛为海洋乡人民政府驻地，渔业是支柱产业，居民主要从事远海捕捞，其次为海产养殖。主要景点有渔港风光、鹰嘴石、明珠公园、哭娘顶、青龙山国家森林公园、太平湾等。

石城列岛 (Shíchéng Lièdǎo)

北纬 39°25.6′—39°33.4′、东经 122°55.7′—123°06.4′。位于长海县东北部海域，北距大连庄河市最近点 7 千米，西南距大长山岛镇 35.3 千米，为长山群岛的组成部分。以主岛石城岛而得名。石城岛上有一段高约 1.5 米的古城墙遗址，雄踞在石城山主峰峰头。据传是唐代名将薛仁贵东征时所留。由石城岛、大王家岛、小王家岛、寿龙岛等海岛组成，陆域总面积 33.408 平方千米。主岛石城岛最大，面积达 26.349 平方千米，最高点海拔 224.7 米。石城列岛属暖温带季风气候，年均气温 9.6℃，年均降水量 633 毫米。3—7 月多海雾。7—10 月常受台风影响。有独特的自然风光和海蚀地貌群，植被覆盖率较低。周围水域较浅，一般水深在 10 米以内，水产资源有各种鱼类、虾、蟹、海参、海螺、牡蛎。海积滩涂分布较广，是贝类养殖区，以产蚬子著称。

交通便利，淡水充足，由海底电缆直接供电。石城岛为石城乡人民政府驻地。主导产业为水产业和农业，是庄河市贝类、鱼类、海参、虾类主要养殖区之一。大王家岛为王家镇人民政府驻地，以海水增养殖业和海岛旅游业为主。列岛位于海王九岛自然保护区（市级）内，有居民海岛均依托保护区开发海岛旅游业。

主要景点有海王顶国际灯塔、北方鸟岛、黑白石、龟石、银窝石林、城山城址、西南浴场等。

第十章 海 岛

大三山岛 (Dàsānshān Dǎo)

北纬 38°52.1′、东经 121°49.5′。位于黄海北部大连市海域，距中山区最近点 6.16 千米。原由大山岛、二山岛和小山岛组成三山岛，因大山岛、二山岛由冲积鹅卵石沙岗连接，合称大三山岛。清《盛京通志》记为三山岛，《大连海域地名志》(1989)、《中国海域地名志》(1989)、《中国海域地名图集》(1991) 均记为大三山岛。岛呈南北走向，岸线长 12.97 千米，面积 2.7 平方千米，最高点高程 151.9 米。基岩岛，地势南北两端高，中间低，由冲积沙岗连接两个岛体。海岛多断层，海岸多礁石、多湾澳，发育有沙滩。该岛北、西与大陆突出形成一道环抱港湾的天然屏障，是进出大连港的必经之路。土壤层较厚，植被茂密，主要生长灌木及草本植物，乔木较少。有常住人口。建有酒店、宾馆等旅游设施，岛上已开发别墅和养殖公司。有大岗圈西口、大岗圈东口、衙门滩、南泡子湾、小南滩等自然景观，有炮台和碉堡等战争遗迹。陆岛交通有码头，岛内交通有水泥路。岛上建有灯塔、信号发射塔和国家测绘点标志等基础设施。水靠岛上淡水供给，电靠小型风电提供。周边海域为浮筏养殖区和底播增养殖区。

大山一岛 (Dàshān Yīdǎo)

北纬 38°53.3′、东经 121°49.2′。位于黄海北部大连市海域，距大三山岛最近点 60 米。该岛为大三山岛周围的小岛之一，按逆时针加序数得名。该岛为基岩岛。岸线长 21 米，面积 32 平方米，最高点高程 2.2 米。无土壤和植被。

大山二岛 (Dàshān Èrdǎo)

北纬 38°53.3′、东经 121°49.2′。位于黄海北部大连市海域，距大三山岛最近点 50 米。该岛为大三山岛周围的小岛之一，按逆时针加序数得名。该岛为基岩岛，岸线长 15 米，面积 15 平方米，最高点高程 2.4 米。无土壤和植被。

大山三岛 （Dàshān Sāndǎo）

北纬 38°52.8′、东经 121°49.1′。位于黄海北部大连市海域，距大三山岛最近点 20 米。该岛为大三山岛周围的小岛之一，按逆时针加序数得名。岸线长 40 米，面积 110 平方米，最高点高程 19 米。基岩岛，岛体近椭圆形，呈南北走向。四周岩壁陡峭，岩缝中有少量土壤，生长草本植物。

大山四岛 （Dàshān Sìdǎo）

北纬 38°51.8′、东经 121°49.6′。位于黄海北部大连市海域，距大三山岛最近点 30 米。该岛为大三山岛周围的小岛之一，按逆时针加序数得名。岸线长 31 米，面积 70 平方米，最高点高程 2.5 米。基岩岛，岛体呈东西走向。无土壤和植被。

大山五岛 （Dàshān Wǔdǎo）

北纬 38°52.0′、东经 121°49.9′。位于黄海北部大连市海域，距大三山岛最近点 60 米。该岛为大三山岛周围的小岛之一，按逆时针加序数得名。岸线长 106 米，面积 755 平方米，最高点高程 17.2 米。基岩岛，四周岩壁陡峭，岛体呈东北—西南走向。无土壤和植被。

大山六岛 （Dàshān Liùdǎo）

北纬 38°52.0′、东经 121°50.0′。位于黄海北部大连市海域，距大三山岛最近点 120 米。该岛为大三山岛周围的小岛之一，按逆时针加序数得名。岸线长 43 米，面积 127 平方米，最高点高程 2.5 米。基岩岛，四周岩壁陡峭，岛体呈东北—西南走向。无土壤和植被。

大山七岛 （Dàshān Qīdǎo）

北纬 38°52.1′、东经 121°50.1′。位于黄海北部大连市海域，距大三山岛最近点 280 米。该岛为大三山岛周围的小岛之一，按逆时针加序数得名。岛体呈东北—西南走向，岸线长 96 米，面积 563 平方米，最高点高程 18.8 米。基岩岛，四周岩壁陡峭，低潮时周边海域有岩礁裸露。无土壤和植被。

大山八岛 （Dàshān Bādǎo）

北纬 38°52.4′、东经 121°50.2′。位于黄海北部大连市海域，距大三山岛最近点 30 米。该岛为大三山岛周围的小岛之一，按逆时针加序数得名。基岩岛，岛体呈东西走向，岸线长 42 米，面积 124 平方米，最高点高程 4.9 米。四周岩壁陡峭。无土壤和植被。

小三山岛 (Xiǎosānshān Dǎo)

北纬 38°54.8′、东经 121°49.9′。位于黄海北部大连市海域，距中山区最近点 3.65 千米。原由大山岛、二山岛和小山岛组成三山岛，因该岛最小而得名。又称小山岛。清《盛京通志》记为小三山岛。《大连海域地名志》（1989）、《中国海域地名志》（1989）等记为小山岛，又称小三山岛。岛近东西走向，岸线长 3.11 千米，面积 0.337 1 平方千米，最高点高程 131.4 米。基岩岛，地层属元古界震旦系。四周多断崖，沿岸多礁石，地表土壤层较厚。植被茂密，主要生长灌木及草本植物，乔木较少。岛上有泥土搭建的看海小屋，住有海水养殖临时看护人员，周边海域为浮筏养殖区和底播增养殖区。水从大陆运送，电靠风电供给。

船帆岛 (Chuánfān Dǎo)

北纬 38°52.4′、东经 121°40.3′。位于黄海北部大连市海域，距中山区最近点 120 米。因岛上建有桅杆，有时升起船帆，故名。岸线长 24 米，面积 32 平方米，最高点高程 1.5 米。基岩岛，低潮时有裸露的砂砾滩与大陆连接，无土壤和植被。

排石岛 (Páishí Dǎo)

北纬 38°52.0′、东经 121°41.3′。位于黄海北部大连市海域，距中山区最近点 10 米。远观该岛似线状排列，当地俗称排石岛。岛体呈东北—西南走向，岸线长 286 米，面积 862 平方米，最高点高程 8.6 米。基岩岛，四周岩壁陡峭，低潮时有裸露的海底沙脊与大陆连接。顶部发育薄层土壤，生长灌木及草本植物。

栖虎岛 (Qīhǔ Dǎo)

北纬 38°51.8′、东经 121°41.4′。位于黄海北部大连市海域，距中山区最近点 10 米。传说以前老虎常栖息此处，故名。岛体呈东北—西南走向，岸线长 249 米，面积 1 279 平方米，最高点高程 9 米。基岩岛，低潮时有裸露的砂砾滩与大陆连接。地表土壤层较薄，长有草本植物。

老虎牙子南岛 (Lǎohǔyázi Nándǎo)

北纬 38°51.8′、东经 121°41.3′。位于黄海北部大连市海域，距中山区最近点 200 米。因位于老虎牙子南侧，故名。基岩岛。岸线长 354 米，面积 1 156 平方米，最高点高程 3.2 米。岩缝中有少量土壤，长有草本植物。

海骆驼岛 (Hǎiluòtuo Dǎo)

北纬 38°51.8′、东经 121°37.5′。位于黄海北部大连市海域，距中山区最近点 30 米。因岛体形似卧在海中的骆驼，故名。岛体近南北走向，岸线长 55 米，面积 157 平方米，最高点高程 14.3 米。基岩岛，四周岩壁陡峭，低潮时有裸露的砂砾滩与大陆连接。海岛岩缝中有少量土壤，长有草本植物。

菱角岛 (Língjiǎo Dǎo)

北纬 38°51.8′、东经 121°40.4′。位于黄海北部大连市海域，距中山区最近点 20 米。因位于菱角湾，故名。岛体呈东北—西南走向，岸线长 32 米，面积 69 平方米，最高点高程 2.1 米。基岩岛，四周岩壁陡峭。岩缝中有少量土壤，长有草本植物。

长燕窝岛 (Chángyànwō Dǎo)

北纬 38°51.6′、东经 121°39.4′。位于黄海北部大连市海域，距中山区最近点 50 米。因位于燕窝岭风景区内，且岛体狭长，故名。岛体近东西走向，岸线长 245 米，面积 1 556 平方米，最高点高程 8.2 米。基岩岛，四周岩壁陡峭，低潮时有裸露的岩礁和砂砾滩与大陆连接。无土壤和植被。

小燕窝岛 (Xiǎoyànwō Dǎo)

北纬 38°51.6′、东经 121°39.4′。位于黄海北部大连市海域，距中山区最近点 140 米。因位于燕窝岭风景区内，且岛体面积较小，故名。岸线长 33 米，面积 80 平方米，最高点高程 4.1 米。基岩岛，四周岩壁陡峭。无土壤和植被。

东大连岛 (Dōngdàlián Dǎo)

北纬 38°51.1′、东经 121°37.4′。位于黄海北部大连市海域，距中山区最近点 1.11 千米。因岛体呈褡裢状得名褡裢岛，后因谐音和方位而得现名。《辽宁省地名录》（1988）、《大连海域地名志》（1989）、《中国海域地名志》（1989）

等记为东大连岛。岸线长 1.12 千米，面积 0.037 9 平方千米，最高点高程 29.1 米。岛体呈弧形，弧顶向南，东西两端似褡裢兜，东小西大，四周岩壁陡峭。基岩岛，地层属元古界震旦系，断裂构造发育。以基岩海岸为主，东南部发育沙滩。土壤层较厚，植被茂密。岛上有 3 间尖顶状房屋，附近残留几处废弃小房，住有海水养殖临时看护人员和季节性旅游观光人员。陆岛交通有透水简易码头，周边海域为底播增养殖区。水靠收集雨水和从大陆运送，电靠太阳能和风能供给。

圆岛 (Yuán Dǎo)

北纬 38°40.4′、东经 122°09.8′。位于黄海北部大连市海域，距中山区最近点 39.33 千米。因岛体较圆而得名。《大连海域地名志》（1989）、《中国海域地名志》（1989）等记为圆岛。岛近圆形，东北—西南走向，岸线长 578 米，面积 19 960 平方米，最高点高程 62 米。基岩岛，四周岩壁陡峭，东岸为岩石断崖，高达 40 米以上，北部较缓。土壤层稀薄，生长草本植物。陆岛交通有简易码头。建有石砌简易平顶房屋、灯塔、气象站、信号塔等基础设施，住有海水养殖临时看护人员和其他驻岛人员，水从大陆运送，电靠柴油发电供给。

小圆岛 (Xiǎoyuán Dǎo)

北纬 38°40.4′、东经 122°09.7′。位于黄海北部大连市海域，距中山区最近点 39.36 千米。位于圆岛旁边，面积比圆岛小，故名。岸线长 181 米，面积 2 159 平方米，最高点高程 3.4 米。基岩岛，四周岩壁陡峭。无土壤和植被。

遇岩 (Yù Yán)

北纬 38°34.3′、东经 121°38.4′。位于黄海北部大连市海域最南端，距中山区最近点 29.73 千米。该岛是船只航行进入大连港第一个遇见的岩石，故名。又因该处海鱼量多体大，当地俗称财神礁。《大连海域地名志》（1989）记为遇岩，《中国海域地名志》（1989）记为遇岩礁。岛体呈东北—西南走向，岸线长 60 米，面积 243 平方米，最高点高程为 15 米。基岩岛，由石英岩构成，属震旦系中统桥头组。其北偏东方向，群礁呈麦穗状散布，中间有断层切割，礁石错断，略呈弧形延长，弧顶向南。群礁海拔较低，低潮时周边海域岩礁裸露，无土壤和植被。岛上建有灯塔，是进出大连港船只的重要航行标志。

西大连岛 (Xīdàlián Dǎo)

北纬 38°51.3′、东经 121°37.1′。位于黄海北部大连市海域，距西岗区最近点 870 米。因位于东大连岛西侧而得名。《辽宁省地名录》（1988）、《大连海域地名志》（1989）、《中国海域地名志》（1989）、《中国海域地名图集》（1991）等均记为西大连岛。岛体呈南北走向，岸线长 1.04 千米，面积 0.050 2 平方千米，最高点高程 87.7 米。基岩岛，地层属元古界震旦系，有石灰岩岩层。四周岩壁陡峭，南北有贯通的岩洞。海岸多礁石，发育有沙滩。土壤层较厚，植被茂密。建有简易活动板房和废弃房屋，住有海水养殖临时看护人员。周边海域为底播增养殖区和垂钓区。

大连黑石礁 (Dàlián Hēishí Jiāo)

北纬 38°52.2′、东经 121°33.4′。位于黄海北部大连市海域，距沙河口区最近点 20 米。位于黑石礁湾而得名黑石礁，因省内重名，以处大连市，更为今名。岛体呈南北走向，岸线长 29 米，面积 56 平方米，最高点高程 1.6 米。基岩岛，由石灰岩构成。喀斯特地貌，低潮时有裸露的岩礁和砂砾滩与大陆连接，无土壤和植被。它是大连市黑石礁风景区的组成部分。

营门岛 (Yíngmén Dǎo)

北纬 39°00.8′、东经 121°19.4′。位于渤海大连市甘井子区海域，距营城子街道最近点 70 米。因岛形似营城子街道一个小湾的口门而得名。基岩岛，岛体呈东北—西南走向。岸线长 90 米，面积 286 平方米，最高点高程 1.2 米。无土壤和植被。

黑鱼礁 (Hēiyú Jiāo)

北纬 39°00.7′、东经 121°17.9′。位于渤海大连市甘井子区海域，距营城子街道最近点 1.25 千米。因周边海域盛产黑鱼（许氏平鲉）而得名。《中国海域地名图集》（1991）记为黑鱼礁。基岩岛。岸线长 24 米，面积 37 平方米，最高点高程 3.2 米。无土壤和植被。

黑鱼礁北岛 (Hēiyújiāo Běidǎo)

北纬 39°00.8′、东经 121°17.9′。位于渤海大连市甘井子区海域，距营城子街道最近点 1.3 千米。因位于黑鱼礁北侧，故名。基岩岛，岛体呈南北走向。岸线长 25 米，面积 37 平方米，最高点高程 1.7 米。岩石表面光滑，无土壤和植被。

黑龟岛 (Hēiguī Dǎo)

北纬 39°00.8′、东经 121°19.4′。位于渤海大连市甘井子区海域，距营城子街道最近点 20 米。因岛体呈黑色且形似乌龟，故名。基岩岛。岸线长 51 米，面积 92 平方米，最高点高程 0.7 米。无土壤和植被。

汉坨子 (Hàn Tuózi)

北纬 38°59.9′、东经 121°19.6′。位于渤海大连市甘井子区海域，距营城子街道最近点 170 米。因"汉"有"水"之意，喻意"水中坨子"而得名。《大连海域地名志》（1989）和《中国海域地名志》（1989）记为汉坨子岛，《中国海域地名图集》（1991）等记为汉坨子。岛近长方形，东北—西南走向。岸线长 957 米，面积 56 126 平方米，最高点高程 48.1 米。基岩岛，主要由石灰岩构成。西南岩壁陡峭，西北角有一岩礁和岩洞相对应，俗称凤龙洞，低潮时有裸露的礁石和砂砾滩与大陆连接。土壤层较薄。岛上有多处砖砌、石砌房屋，主要供养殖看海人员临时居住。水从大陆运送，电靠发电机供给。东北侧为围海养殖区，周边海域为底播增养殖区。

大石坨子 (Dàshí Tuózi)

北纬 38°59.8′、东经 121°18.3′。位于渤海大连市甘井子区海域，距营城子街道最近点 860 米。因岛体较大而得名。原称二坨子岛、二坨子。《中国海域地名志》（1989）记：岛上两个山头并连，故名二坨子，1983 年岛礁普查时更名为大石坨子岛。《中国海域地名图集》（1991）等记为大石坨子。岛体呈南北走向，岸线长 1.87 千米，面积 0.142 3 平方千米，最高点高程 61.2 米。基岩岛，主要由石灰岩构成。东西岩壁陡峭，南北为基岩岸线，东南发育有砂砾滩岬角。有薄层土壤，主要生长灌木及草本植物，乔木较少。有人工石坝与小石坨子连接。岛上有多处简易房屋相连，有宾馆、石雕、小海神庙、休闲长廊等旅游设施，住有旅游设施管理人员、季节性旅游人员和养殖用海临时看护人员，水电从大陆引入。周边海域为底播增养殖区。

小石坨子 (Xiǎoshí Tuózi)

北纬 38°59.6′、东经 121°18.2′。位于渤海大连市甘井子区海域，距营城子街道最近点 1.59 千米。因邻近大石坨子，岛体较小而得名。《大连海域地名志》（1989）和《中国海域地名志》（1989）记为小石坨子岛，《中国海域地名图集》（1991）等记为小石坨子。岛体呈不规则形状，东西走向。岸线长 335 米，面积 4 483 平方米，最高点高程 20.1 米。由人工石坝与大石坨子连接。基岩岛，由石灰岩构成。低潮时周边岩礁裸露。地表土壤层稀薄，长有草本植物。

小官财岛 (Xiǎoguāncái Dǎo)

北纬 38°59.6′、东经 121°17.8′。位于渤海大连市甘井子区海域，距营城子街道最近点 2.03 千米。岛呈西北—东南走向，岸线长 16 米，面积 19 平方米，最高点高程 0.8 米。基岩岛，地势低平。低潮时周边海域有裸露的岩礁。无土壤和植被。

老腽坨子 (Lǎowà Tuózi)

北纬 38°49.0′、东经 121°31.4′。位于黄海北部大连市甘井子区海域，距凌水街道最近点 1.55 千米。据说曾有成群的老腽（又名海狗）栖息在海岛周围，故名。又名老温坨子、老温坨子岛。《大连海域地名志》（1989）记为老温坨子岛，《中国海域地名图集》（1991）记为老腽坨子。岛体呈长条形，东北—西南走向。岸线长 234 米，面积 2 111 平方米，最高点高程 25.7 米。基岩岛，由粘板岩构成。四周岩壁陡峭。顶部发育有薄层土壤，长有草本植物。岛上有房屋、索道等设施。

箭牌岛 (Jiànpái Dǎo)

北纬 38°48.9′、东经 121°29.6′。位于黄海北部大连市甘井子区海域，距凌水街道最近点 20 米。因岛体形似箭牌，故名。岛体呈南北走向，岸线长 32 米，面积 63 平方米，最高点高程 6.3 米。基岩岛，四周岩壁陡峭。无土壤和植被。周边海域为浮筏养殖区。

老偏岛 (Lǎopiān Dǎo)

北纬 38°47.6′、东经 121°35.7′。位于黄海北部大连市甘井子区海域，距凌水街道最近点 7.7 千米。因岛体偏向东北而得名。又名帽岛。《大连海域地名志》

（1989）、《中国海域地名志》（1989）、《中国海域地名图集》（1991）等记为老偏岛。岛体呈东北—西南走向，岸线长 925 米，面积 33 906 平方米，最高点高程 81.3 米。基岩岛，地层属元古界震旦系。断层面砾岩发育，岩石裸露，四周岩壁陡峭。土壤层较薄，主要生长草本植物，灌木较少。有木质看海房屋和一处二层砖混小楼，供养殖用海看护人员和登岛观光人员临时居住。水靠雨水收集和大陆运送，电靠柴油发电机供给。陆岛交通有简易码头。岛上建有灯塔、大地控制点标志。周边海域为底播增养殖区，也是大连市良好的垂钓渔业区。

星石 (Xīng Shí)

北纬 38°47.5′、东经 121°35.9′。位于黄海北部大连市甘井子区海域，距凌水街道最近点 7.98 千米。以当地群众惯称定名。《中国海域地名图集》（1991）和《全国海岛名称与代码》（2008）记为星石。岛体呈南北走向，岸线长 53 米，面积 181 平方米，最高点高程 19 米。基岩岛，四周岩壁陡峭。岩缝中有少量土壤，长有草本植物。

西桩石 (Xīzhuāng Shí)

北纬 39°06.5′、东经 121°12.5′。位于渤海大连市旅顺口区海域，距三涧堡街道最近点 13.72 千米，距虎平岛最近点 870 米。《中国海域地名图集》（1991）和《全国海岛名称与代码》（2008）记为西桩石。岛体呈西北—东南走向，岸线长 432 米，面积 3 832 平方米，最高点高程 4.4 米。基岩岛，顶部犬牙交错，尖如刀削。低潮时由裸露的岩礁连接各礁体，是斑海豹进出渤海湾的重要洄游栖息地。无土壤和植被。

西桩石一岛 (Xīzhuāngshí Yīdǎo)

北纬 39°06.5′、东经 121°12.3′。位于渤海大连市旅顺口区海域，距西桩石最近点 150 米。该岛为西桩石周围小岛之一，按逆时针加序数得名。基岩岛，岛体呈东北—西南走向。岸线长 53 米，面积 204 平方米，最高点高程 1.2 米。这里是斑海豹进出渤海湾的重要洄游栖息地。无土壤和植被。

西桩石二岛 (Xīzhuāngshí Èrdǎo)

北纬 39°06.5′、东经 121°12.4′。位于渤海大连市旅顺口区海域，距西桩石最近点 110 米。该岛为西桩石周围小岛之一，按逆时针加序数得名。基岩岛，岛体呈东北—西南走向。岸线长 63 米，面积 285 平方米，最高点高程 3.4 米。这里是斑海豹进出渤海湾的重要洄游栖息地。无土壤和植被。

西桩石三岛 (Xīzhuāngshí Sāndǎo)

北纬 39°06.4′、东经 121°12.5′。位于渤海大连市旅顺口区海域，距西桩石最近点 40 米。该岛为西桩石周围小岛之一，按逆时针加序数得名。岛体呈西北—东南走向，岸线长 316 米，面积 2 479 平方米，最高点高程 2.3 米。基岩岛，地势较平坦，中部有砂砾滩分布。这里是斑海豹进出渤海湾的重要洄游栖息地。无土壤和植被。

西桩石四岛 (Xīzhuāngshí Sìdǎo)

北纬 39°06.5′、东经 121°12.5′。位于渤海大连市旅顺口区海域，距西桩石最近点 10 米。该岛为西桩石周围小岛之一，按逆时针加序数得名。基岩岛，岛近东西走向。岸线长 62 米，面积 255 平方米，最高点高程 3.3 米。这里是斑海豹进出渤海湾的重要洄游栖息地。无土壤和植被。

东桩石 (Dōngzhuāng Shí)

北纬 39°06.4′、东经 121°14.0′。位于渤海大连市旅顺口区海域。《中国海域地名图集》（1991）和《全国海岛名称与代码》（2008）记为东桩石。岛体呈东西走向，岸线长 262 米，面积 2 511 平方米，最高点高程 6.7 米。基岩岛，岛形狭长，东西突起，中间凹陷。无土壤和植被。

烧饼岛 (Shāobǐng Dǎo)

北纬 39°05.9′、东经 121°08.9′。位于渤海大连市旅顺口区海域，距北海街道最近点 15.77 千米，距猪岛最近点 90 米。因岛体形似烧饼而得名。又名小坨子。《大连海域地名志》（1989）、《中国海域地名志》（1989）、《中国海域地名图集》（1991）等记为烧饼岛。岛体呈西北—东南走向，岸线长 357 米，面积 8 332 平方米，最高点高程 12.8 米。基岩岛，主要由火山岩构成，低潮时有岩礁带向南部海域延伸。有薄层土壤，长有草本植物。

牤牛岛 (Māngniú Dǎo)

北纬 39°05.5′、东经 121°11.0′。位于渤海大连市旅顺口区海域，距北海街道最近点 14.08 千米，距猪岛最近点 710 千米。因岛体形似牤牛而得名。《大连海域地名志》（1989）、《中国海域地名志》（1989）、《中国海域地名图集》（1991）等记为牤牛岛。岛近圆形，岸线长 930 米，面积 45 319 平方米，最高点高程 43.4 米。基岩岛，主要由东北红大理石构成。形态呈西北宽东南窄，地势呈西北高东南低。以基岩海岸为主，发育有沙滩，低潮时有裸露的岩礁带向北延伸。有薄层土壤，主要生长灌木及草本植物，乔木较少。岛上有砖砌房屋、临时搭建的活动板房和泥土搭建的看海小屋，住有海水养殖临时看护人员。水靠地下淡水井供给，电靠柴油发电。周边海域为底播增养殖区。

牤牛蛋岛 (Māngniúdàn Dǎo)

北纬 39°05.5′、东经 121°11.1′。位于渤海大连市旅顺口区海域，距北海街道最近点 14.03 千米，距牤牛岛最近点 10 米。位于牤牛岛旁，且岛体如蛋形，故名。岛体呈东北—西南走向，岸线长 146 米，面积 1 375 平方米，最高点高程 10.5 米。基岩岛，四周岩石陡峭，低潮时有裸露的岩礁和砂砾滩与牤牛岛连接。海岛顶部有薄层土壤，生长草本植物。

猪岛 (Zhū Dǎo)

北纬 39°05.5′、东经 121°10.1′。位于渤海大连市旅顺口区海域，距北海街道最近点 14.26 千米。因岛体形似猪而得名。明《辽东志》和清《盛京通志》记为猪岛；《大连海域地名志》（1989）、《中国海域地名志》（1989）、《中国海域地名图集》（1991）等均记为猪岛。岛体呈东西走向，岸线长 6 千米，面积 1.065 1 平方千米，最高点高程 70.3 米。基岩岛，主要由火山岩构成。地势东高西低、中间平缓。以基岩海岸为主，南部有海湾，发育有沙滩。有薄层土壤。曾建有医院、农场等基础设施，1983 年前先后迁出。岛上有石砌房屋、临时搭建的活动板房、在建宾馆和大地控制点标志，住有海水养殖临时看护人员。水靠地下淡水井提供，电靠风能和太阳能供给。陆岛交通有栈桥式简易码头。周边海域为底播增养殖区。

小猪岛 (Xiǎozhū Dǎo)

北纬 39°05.5′、东经 121°09.3′。位于渤海大连市旅顺口区海域，距北海街道最近点 15.17 千米，距猪岛最近点 30 米。因邻近猪岛，面积较小，故名。岛体呈西北—东南走向，岸线长 91 米，面积 620 平方米，最高点高程 3.4 米。基岩岛，无土壤和植被。

猪盆岛 (Zhūpén Dǎo)

北纬 39°05.5′、东经 121°09.3′。位于渤海大连市旅顺口区海域，距北海街道最近点 15.1 千米，距猪岛最近点 10 米。因岛的形状像猪吃食用的盆而得名。岸线长 61 米，面积 297 平方米，最高点高程 3.5 米。基岩岛，无土壤，岩石表面生长藻类植物。

龟石礁 (Guīshí Jiāo)

北纬 38°57.3′、东经 121°15.2′。位于渤海大连市旅顺口区海域，距三涧堡街道最近点 70 米。因岛形似龟而得名。岛近圆形，岸线长 19 米，面积 24 平方米，最高点高程 5.2 米。基岩岛，四周岩壁陡峭，低潮时有裸露的砂砾滩与大陆连接。海岛顶部和岩缝中有少量土壤，生长草本植物。

姊妹礁 (Zǐmèi Jiāo)

北纬 38°57.3′、东经 121°15.3′。位于渤海大连市旅顺口区海域，距三涧堡街道最近点 40 米。两块并立礁石，形似姊妹一般，故名。由两个礁体组成，近东西走向，相对距离 16 米。岸线总长 95 米，陆域总面积 318 平方米，最高点高程 4.9 米。基岩岛，岛岸陡峭，低潮时有裸露的岩礁彼此连接。无土壤和植被。

站石 (Zhàn Shí)

北纬 38°57.3′、东经 121°15.1′。位于渤海大连市旅顺口区海域，距三涧堡街道最近点 30 米。岛形似人站立，故名。岸线长 17 米，面积 21 平方米，最高点高程 8.5 米。基岩岛，四周岩壁陡峭，无土壤和植被。

大砣 (Dà Tuó)

北纬 38°57.2′、东经 121°09.4′。位于渤海大连市旅顺口区海域，距北海街道最近点 310 米。以当地群众惯称得名。岛体呈南北走向，岸线长 246 米，面积 941 平方米，最高点高程 7.8 米。基岩岛，低潮时周边海域岩礁裸露，无土壤和植被。岛南北两高点处建有凉亭，凉亭间有观海长廊，为旅顺北海街道海上旅游景观。

大砣西岛 (Dàtuó Xīdǎo)

北纬 38°57.2′、东经 121°09.4′。位于渤海大连市旅顺口区海域，距北海街道最近点 350 千米，距大砣最近点 10 米。因位于大砣西侧而得名。岛近南北走向，岸线长 88 米，面积 319 平方米，最高点高程 0.9 米。基岩岛，低潮时周边海域有岩礁裸露，无土壤和植被。

砣里岛 (Tuólǐ Dǎo)

北纬 38°57.2′、东经 121°14.8′。位于渤海大连市旅顺口区海域，距三涧堡街道最近点 80 米。以当地群众惯称得名。岛体呈南北走向，岸线长 40 米，面积 118 平方米，最高点高程 4.9 米。基岩岛，无土壤和植被。

发爷礁 (Fāyé Jiāo)

北纬 38°57.1′、东经 121°09.5′。位于渤海大连市旅顺口区海域，距北海街道最近点 210 米。以当地群众惯称得名。岛体呈西北—东南走向，岸线长 20 米，面积 25 平方米，最高点高程 1.5 米。基岩岛，无土壤和植被。

小砣 (Xiǎo Tuó)

北纬 38°57.1′、东经 121°09.5′。位于渤海大连市旅顺口区海域，距北海街道最近点 140 米。以当地群众惯称得名。岛体呈东北—西南分布，岸线长 130 米，面积 445 平方米，最高点高程 0.8 米。基岩岛，低潮时周边海域有裸露的岩礁连接各礁体，无土壤和植被。

蛇岛 (Shé Dǎo)

北纬 38°57.0′、东经 120°58.8′。位于渤海大连市旅顺口区海域，距双岛湾街道最近点 9.7 千米。因岛上栖息着大量蝮蛇而得名，又名蟒山、小龙山。清《盛京通志》记为蛇岛；《辽宁省地名录》（1988）、《大连海域地名志》（1989）、《中国海岛》（2000）等记为蛇岛。岛体呈西北—东南走向，岸线长 4.1 千米，面积 0.715 3 平方千米，最高点高程 216.9 米。该岛原是陆地上的山峰，第四纪冰期后期，海平面上升成为孤岛。基岩岛，主要由硅质细粒砂岩、石英砂岩和石英砂砾岩构成。裂隙纵横，断层、褶皱很多，呈单面山状，西南陡峭，略向东倾斜，因海蚀作用强烈，岩石破碎，多洞穴。土壤层较厚，植被茂密。蛇岛是候鸟重要的迁徙地，利于蝮蛇生存，现有黑眉蝮蛇 1.3 万余条，是世界著名的四大蛇岛之一。1980 年 8 月设蛇岛—老铁山自然保护区（国家级），成立蛇岛—老铁山自然保护区管理处。岛上建有蛇岛监测站、航标灯、陆岛交通码头等基础设施，住有蝮蛇研究及保护工作人员。水从大陆运送，电靠发电设施供给。海岛在简易码头附近的岩壁上镌刻有红色的"蛇岛"二字。

扇子石 (Shànzi Shí)

北纬 38°56.9′、东经 121°06.8′。位于渤海大连市旅顺口区海域，距双岛湾街道最近点 430 米。因岛体似扇子而得名。《大连海域地名志》（1989）等记为扇子石群礁，《中国海域地名志》（1989）记为扇子石礁，《中国海域地名图集》（1991）等记为扇子石。岛体呈东北—西南走向，由堤坝与大陆连接。岸线长 298 米，面积 4 324 平方米，最高点高程 21 米。基岩岛，由石英岩构成，西南高宽，东北低窄，呈长条状。土壤层稀薄，岩缝中生长灌木及草本植物。

艾子石 (Àizǐ Shí)

北纬 38°56.1′、东经 121°06.5′。位于渤海大连市旅顺口区海域，距双岛湾街道最近点 30 米。因位于艾子石口而得名。《中国海域地名图集》（1991）记为艾子石。岸线长 42 米，面积 90 平方米，最高点高程 5.5 米。基岩岛，四周岩壁陡峭，无土壤和植被。

艾子石北岛 (Àizǐshí Běidǎo)

北纬 38°56.1′、东经 121°06.5′。位于渤海大连市旅顺口区海域，距双岛湾街道最近点 30 米，距艾子石最近点 10 米。因位于艾子石北侧，故名。岸线长 35 米，面积 44 平方米，最高点高程 4.2 米。基岩岛，无土壤和植被。

李家小岛 (Lǐjiā Xiǎodǎo)

北纬 38°56.1′、东经 121°06.7′。位于渤海大连市旅顺口区海域，距双岛湾街道最近点 20 米。位于李家沟，且面积较小，故名。岛体呈东北—西南走向，岸线长 20 米，面积 29 平方米，最高点高程 6 米。基岩岛，岛岸陡峭，无土壤和植被。

李家尖岛 (Lǐjiā Jiāndǎo)

北纬 38°56.1′、东经 121°06.6′。位于渤海大连市旅顺口区海域，距双岛湾街道最近点 40 米。位于李家沟，且岛体较尖，故名。岛体呈东西走向，岸线长 149 米，面积 340 平方米，最高点高程 17 米。基岩岛，四周岩壁陡峭，无土壤和植被。

大半江 (Dàbàn Jiāng)

北纬 38°53.6′、东经 121°06.2′。位于渤海大连市旅顺口区海域，距双岛湾街道最近点 590 米。以当地群众惯称得名。岛体呈西北—东南走向，岸线长 370 米，面积 7 868 平方米，最高点高程 3.2 米。基岩岛，地势西南高岸线陡峭，东北低坡缓。土壤层稀薄，主要生长草本植物，乔木和灌木较少。该岛由围海养殖堤坝与大陆连接。因炸岛建坝，岛体及周边环境改变较大。

双岛 (Shuāng Dǎo)

北纬 38°52.6′、东经 121°07.2′。位于渤海大连市旅顺口区海域，距江西街道最近点 650 米。因岛体远看似两个海岛相连而得名。清《盛京通志》记为双岛；《大连海域地名志》（1989）、《中国海域地名志》（1989）等均记为双岛。岛体呈不规则形状，西北—东南走向，岸线长 2.09 千米，面积 0.137 9 平方千米，最高点高程 44 米。基岩岛，主要由黄白色石英岩构成。南北较宽中间窄，地势西部高岸线陡峭，东部低坡缓，低潮时东部有裸露的砂砾质岬角。土壤层稀薄，主要生长草本植物，乔木较少，南部有人工林。岛上有一处黄色三层小楼、泥土搭建看海小屋及一些废弃房屋，住有海水养殖临时看护人员。陆岛交通靠北侧简易栈桥码头。周边海域为底播增养殖区。

靠砣岛 (Kàotuó Dǎo)

北纬 38°52.6′、东经 121°07.2′。位于渤海大连市旅顺口区海域，距双岛湾街道最近点 810 米，距双岛最近点 30 米。因靠近双岛而得名。岸线长 37 米，面积 63 平方米，最高点高程 5.6 米。基岩岛，四周岩壁陡峭，无土壤和植被。

海猫岛 (Hǎimāo Dǎo)

北纬 38°52.1′、东经 121°01.5′。位于渤海大连市旅顺口区海域，距江西街道最近点 5.23 千米。因岛上海猫（海鸥）多而得名，又名鸟岛、海猫坨子。清《盛京通志》记为海猫岛；《辽宁省地名录》（1988）、《大连海域地名志》（1989）、《中国海域地名志》（1989）和《中国海域地名图集》（1991）均记为海猫岛、鸟岛和海猫坨子。岛体呈东北—西南走向，岸线长 3.95 千米，面积 0.329 7 平方千米，最高点高程 118.7 米。基岩岛，主要由黄白色石英岩构成。岛形狭长，地势西高东低，西岸岩壁陡峭，东岸坡缓，西南方向岩礁林立。土壤层稀薄，主要生长草本植物，乔木和灌木较少。岛上有砖砌看海小屋和活动板房，住有海水养殖临时看护人员。水从大陆运送，电靠小型风电供给。岛上有大地控制点标志。周边海域为底播增养殖区。

海猫一岛 (Hǎimāo Yīdǎo)

北纬 38°52.2′、东经 121°01.4′。位于渤海大连市旅顺口区海域，距江西街道最近点 6.31 千米，距海猫岛最近点 40 米。该岛为海猫岛周围的小岛之一，按逆时针加序数得名。岛近东西走向，岸线长 48 米，面积 158 平方米，最高点高程 3.2 米。基岩岛，由黄白色石英岩构成，无土壤和植被。

海猫二岛 (Hǎimāo Èrdǎo)

北纬 38°51.9′、东经 121°01.4′。位于渤海大连市旅顺口区海域，距江西街道最近点 6.6 千米，距海猫岛最近点 180 米。该岛为海猫岛周围的小岛之一，按逆时针加序数得名。岛近东西走向，岸线长 171 米，面积 1 747 平方米，最高点高程 10.3 米。基岩岛，由黄白色石英岩构成。四周岩壁陡峭，岩缝中有少量土壤，长有草本植物。

海猫三岛 (Hǎimāo Sāndǎo)

北纬 38°52.1′、东经 121°01.9′。位于渤海大连市旅顺口区海域，距江西街道最近点 5.73 千米，距海猫岛最近点 20 米。该岛为海猫岛周围的小岛之一，按逆时针加序数得名。岛体呈东北—西南走向，岸线长 20 米，面积 29 平方米，最高点高程 4.3 米。基岩岛，四周岩壁陡峭，无土壤和植被。

海猫四岛 (Hǎimāo Sìdǎo)

北纬 38°52.1′、东经 121°02.0′。位于渤海大连市旅顺口区海域，距江西街道最近点 5.6 千米，距海猫岛最近点 10 米。该岛为海猫岛周围的小岛之一，按逆时针加序数得名。岛体呈西北—东南走向，岸线长 22 米，面积 34 平方米，最高点高程 3.2 米。基岩岛，四周岩壁陡峭，无土壤和植被。

海猫五岛 (Hǎimāo Wǔdǎo)

北纬 38°52.1′、东经 121°02.4′。位于渤海大连市旅顺口区海域，距江西街道最近点 5.23 千米，距海猫岛最近点 10 米。该岛为海猫岛周围的小岛之一，按逆时针加序数得名。岛近圆形，岸线长 31 米，面积 68 平方米，最高点高程 1.5 米。基岩岛，岛岸陡峭，无土壤和植被。

海猫六岛 (Hǎimāo Liùdǎo)

北纬 38°52.3′、东经 121°02.0′。位于渤海大连市旅顺口区海域，距江西街道最近点 5.21 千米，距海猫岛最近点 10 米。该岛为海猫岛周围的小岛之一，按逆时针加序数得名。岛近南北走向，岸线长 122 米，面积 968 平方米，最高点高程 1.3 米。基岩岛，低潮时有裸露的岩礁与海猫岛连接，无土壤和植被。

海猫七岛 (Hǎimāo Qīdǎo)

北纬 38°52.3′、东经 121°02.0′。位于渤海大连市旅顺口区海域，距江西街道最近点 5.46 千米，距海猫岛最近点 20 米。该岛为海猫岛周围的小岛之一，按逆时针加序数得名。岸线长 23 米，面积 39 平方米，最高点高程 2.1 米。基岩岛，无土壤和植被。

海猫八岛 (Hǎimāo Bādǎo)

北纬 38°52.4′、东经 121°01.9′。位于渤海大连市旅顺口区海域，距江西街道最近点 5.49 千米，距海猫岛最近点 60 米。该岛为海猫岛周围的小岛之一，按逆时针加序数得名。岛体呈西北—东南走向，岸线长 41 米，面积 128 平方米，最高点高程 5.3 米。基岩岛，四周岩壁陡峭，无土壤和植被。

西坨子 (Xī Tuózi)

北纬 38°51.7′、东经 121°06.5′。位于渤海大连市旅顺口区海域，距江西街道最近点 50 米。因位于旅顺董家村西部而得名。《大连海域地名志》（1989）和《中国海域地名志》（1989）记为西坨子岛，《国家测绘局地形图》（1995）标注为西坨子。岛体呈西北—东南走向，岸线长 266 米，面积 3 444 平方米，最高点高程 16 米。基岩岛，主要由黄白色混合岩构成。西南高岸线陡峭，东北坡缓。土壤层相对较厚，生长草本植物和少量灌木。岛由堤坝与大陆连接。岛东北部由填海形成的陆域建有小型渔港、海珍品苗种培育室、办公与生产房屋，住有渔业生产与渔业管理人员。水电从大陆引入，周边海域为围海养殖区。由填海形成的海岛面积和原海岛面积基本相当，海岛人工岸线比例较大。

老头坨 (Lǎotóu Tuó)

北纬 38°51.2′、东经 121°06.3′。位于渤海大连市旅顺口区海域，距江西街道最近点 60 米。从前有两块石头，形似老头背着老婆，后来老婆石坍塌消失，只剩下老头石，故名。岸线长 30 米，面积 66 平方米，最高点高程 8.2 米。基岩岛，岛岸陡峭，低潮时周边海域有裸露的岩礁，无土壤和植被。

龙王塘大黄礁 (Lóngwángtáng Dàhuáng Jiāo)

北纬 38°49.1′、东经 121°26.6′。位于黄海北部大连市旅顺口区海域，距龙王塘街道最近点 60 米。岛体呈黄色且面积较大，得名大黄礁。因省内重名，位于龙王塘街道，更今名。岛近南北走向，岸线长 69 米，面积 370 平方米，最高点高程 4 米。基岩岛，无土壤和植被。

龙王塘小黄礁 (Lóngwángtáng Xiǎohuáng Jiāo)

北纬 38°49.1′、东经 121°26.5′。位于黄海北部大连市旅顺口区海域，距龙王塘街道最近点 80 米。因岛体呈黄色且面积较小得名小黄礁，又因省内重名，位于龙王塘街道，更为今名。岸线长 20 米，面积 31 平方米，最高点高程 1.8 米。基岩岛，无土壤和植被。

悬坛 (Xuántán)

北纬 38°49.0′、东经 121°22.7′。位于黄海北部大连市旅顺口区海域，距龙王塘街道最近点 160 米。因形似倒着的坛子而得名。《大连海域地名志》（1989）和《中国海域地名志》（1989）记为悬坛礁，《中国海域地名图集》（1991）记为悬坛。岛体呈西北—东南走向，岸线长191米，面积1 420平方米，最高点高程9.9米。基岩岛，由黄白色石英岩构成。四周岩壁陡峭，低潮时周边海域有岩礁分布。土壤层稀薄，长有草本植物。西部岛体上建有一处砖质简易小屋和渔用吊装设施，住有海水养殖临时看护人员，无水电供给。

砺岛头 (Lì Dǎotóu)

北纬38°48.9′、东经121°23.1′。位于黄海北部大连市旅顺口区海域，距龙王塘街道最近点20米。以当地群众惯称得名。《中国海域地名图集》（1991）记为砺岛头。岸线长20米，面积27平方米，最高点高程6.2米。基岩岛，低潮时有裸露的岩礁与大陆连接，无土壤和植被。岛上建有渔用吊装设施，周边海域为浮筏养殖区和底播增养殖区。

小黄石礁 (Xiǎohuángshí Jiāo)

北纬38°48.8′、东经121°24.1′。位于黄海北部大连市旅顺口区海域，距龙王塘街道最近点70米。因岛体呈黄色，面积较小，故名。岛体呈西北—东南走向，岸线长31米，面积71平方米，最高点高程3米。基岩岛，岛岸陡峭，无土壤和植被。

模珠岩 (Mózhū Yán)

北纬38°47.1′、东经121°16.5′。位于黄海北部大连市旅顺口区海域，距大陆最近点830米。因位于旅顺口区模珠街近海而得名。岸线长15米，面积16平方米，最高点高程8米。岛上建有灯塔，2009年入选旅顺口区第一批不可移动文物保护名录。周边海域为浮筏养殖区和底播增养殖区。

三关礁 (Sānguān Jiāo)

北纬38°46.6′、东经121°06.5′。位于渤海大连市旅顺口区海域，距铁山街道最近点50米。该岛由三个礁体组成，因位于铁山水道向陆一侧，如镇守大陆的三个关隘而得名。《中国海域地名图集》（1991）记为三关礁。三个礁体呈东北—西南走向，岸线总长度为315米，陆域总面积为1 360平方米，最高点高程0.9米。基岩岛，低潮时有海底礁盘连接三礁，东北侧礁体有裸露的砂砾滩与大陆连接。无土壤和植被。

浑水礁 (Húnshuǐ Jiāo)

北纬 38°46.3′、东经 121°06.9′。位于渤海大连市旅顺口区海域，距铁山街道最近点 60 米。以当地群众惯称得名。岛近东西走向，岸线长 24 米，面积 28 平方米，最高点高程 2.7 米。基岩岛，低潮时有裸露的砂砾滩与大陆连接，无土壤和植被。

叭狗礁 (Bāgǒu Jiāo)

北纬 38°46.2′、东经 121°06.8′。位于渤海大连市旅顺口区海域，距铁山街道最近点 100 米。以当地群众惯称得名。岛近圆形，岸线长 156 米，面积 1 837 平方米，最高点高程 2.7 米。基岩岛，地势中间高，四周坡缓，低潮时周边海域岩礁裸露。岩缝中有少量土壤，生长草本植物。

尹家坨子 (Yǐnjiā Tuózi)

北纬 38°45.4′、东经 121°07.7′。位于渤海大连市旅顺口区海域，距铁山街道最近点 60 米。因位于旅顺尹家村附近而得名。《中国海域地名图集》（1991）记为尹家坨子。岛近三角形，岸线长 68 米，面积 295 平方米，最高点高程 6.2 米。基岩岛，低潮时周边海域岩礁裸露。岩缝中有少量土壤，长有草本植物。

白马石 (Báimǎ Shí)

北纬 38°45.1′、东经 121°07.7′。位于渤海大连市旅顺口区海域，距铁山街道最近点 30 米。该岛由白色礁石组成，且形似骏马，故名。《中国海域地名图集》（1991）记为白马石。岛近南北走向，岸线长 28 米，面积 59 平方米，最高点高程 5.2 米。基岩岛，低潮时周边海域岩礁裸露，无土壤和植被。

柜石 (Guì Shí)

北纬 39°22.7′、东经 121°44.9′。位于渤海大连市金州新区海域，距石河街道最近点 570 米。《中国海域地名图集》（1991）记为柜石。因岛体形似柜子而得名。基岩岛，岛体呈西北—东南走向，岸线长 47 米，面积 140 平方米，最高点高程 2.6 米。无土壤和植被。

前大连岛 (Qiándàlián Dǎo)

北纬 39°22.0′、东经 121°46.3′。位于渤海大连市金州新区海域，距石河街道最近点 220 米。以岛形似褡裢而得名褡裢岛，后谐音大连岛，位于后大连岛南侧得名。当地又称前岛。《金县地名志》（1988）、《大连海域地名志》（1989）、《中国海域地名志》（1989）等记为前大连岛。岛体呈东西走向，岸线长 2.41 千米，面积 0.317 2 平方千米，最高点高程 63.4 米。基岩岛，属震旦纪桥头组石英砂岩、石英岩。地势中间高四周缓，地表为风化壳，发育有棕壤性土，土质较肥沃，植被茂密。由公路与大陆连接成陆连岛。建有海珍品苗种培育室和海水养殖场等渔业设施，有生活及堆放生产生活物资的房屋，住有海水养殖和苗种培育临时人员，水电从大陆引入。周边海域为围海养殖区。

后大连岛 (Hòudàlián Dǎo)

北纬 39°22.5′、东经 121°45.5′。位于渤海大连市金州新区海域，距石河街道最近点 730 米。以岛形似褡裢而得名褡裢岛，后谐音大连岛，位于前大连岛北侧得名。当地又称后岛。《金县地名志》（1988）、《大连海域地名志》（1989）、《中国海域地名志》（1989）等记为后大连岛。岛体呈西北—东南走向，岸线长 3.25 千米，面积 0.363 6 平方千米，最高点高程 48 米。基岩岛，属震旦纪桥头组石英砂岩。地表为风化层，土壤层较厚。植被茂密，生长灌木及草本植物，乔木为人工杨树。由公路与大陆连接成陆连岛。2011 年户籍人口 76 人，常住人口 71 人，水电从大陆引入。南侧建有海珍品苗种培育室，种有果树和蔬菜。周边海域为围海养殖区，海岛经济以水产养殖为主。

簸箕岛 (Bòji Dǎo)

北纬 39°22.2′、东经 121°44.9′。位于渤海大连市金州新区海域，距石河街道最近点 490 米。岛形似簸箕，故名。《大连海域地名志》（1989）、《中国海域地名志》（1989）和《中国海域地名图集》（1991）均记为簸箕岛。岛近椭圆形，呈西北—东南走向，岸线长 5.63 千米，面积 1.436 8 平方千米，最高点高程 146 米。基岩岛，属震旦纪桥头组石英砂岩、石英岩。地表发育有土壤层，植被茂盛。2011 年户籍人口 384 人，常住人口 380 人，水电从大陆引入。该岛通过滨海路与大陆连接，交通便利。岛上建有民居和海珍品苗种培育室，种有农作物和果树。周边海域为围海养殖区，海岛经济以水产养殖为主。

里双坨子 (Lǐshuāng Tuózi)

北纬 39°22.1′、东经 121°43.5′。位于渤海大连市金州新区海域，距三十里堡街道最近点 890 米。《金县地名志》（1988）、《中国海域地名图集》（1991）等记为里双坨子，《大连海域地名志》（1989）和《中国海域地名志》（1989）记为里双坨子岛。岛体呈椭圆形，南北走向，岸线长 748 米，面积 32 823 平方米，最高点高程 33 米。基岩岛，属震旦纪桥头组石英砂岩、石英岩。地表发育有棕壤土，植被茂密，主要生长草本植物，乔木和灌木较少。岛由围海养殖堤坝与大陆连接。南侧建有几处简易看海房屋和养殖场，住有海水养殖临时看护人员，水电从大陆引入。周边海域为围海养殖区和底播增养殖区。因筑坝和围海养殖，岛体损坏严重。

里双坨西岛 (Lǐshuāngtuó Xīdǎo)

北纬 39°22.0′、东经 121°43.2′。位于渤海大连市金州新区海域，距三十里堡街道最近点 1.17 千米。原与里双坨子统称为里双坨子，因位于里双坨子西边，第二次全国海域地名普查时命今名。岛近菱形，呈南北走向，岸线长 440 米，面积 14 147 平方米，最高点高程 19.1 米。基岩岛，主要由石英砂岩和石英岩构成。地貌因人为扰动改变较大，地表原土壤层已丧失，植被较少。由围海养殖堤坝与大陆相连成陆连岛，岛体有炸岛筑堤痕迹。

东双坨子 (Dōngshuāng Tuózi)

北纬 39°19.1′、东经 121°38.8′。位于渤海大连市金州新区海域，距七顶山街道最近点 4.46 千米。因一对海岛东西并立，该岛位于东侧而得名。《金县地名志》（1988）、《大连海域地名志》（1989）和《中国海域地名志》（1989）记为外双坨子岛，《中国海域地名图集》（1991）等记为外双坨子。第二次全国海域地名普查时该岛定名东双坨子，西侧海岛定名西双坨子。该岛近圆形，岸线长 326 米，面积 8 058 平方米，最高点高程 17.7 米。基岩岛，属震旦纪南关岭组灰岩。四周岩壁陡峭，东部、南部多沙滩，东南有砂质岬角。有薄层土壤，生长灌木及草本植物。

西双坨子 (Xīshuāng Tuózi)

北纬 39°19.0′、东经 121°38.5′。位于渤海大连市金州新区海域，距七顶山街道最近点 3.98 千米。因一对海岛东西并立，该岛位于西侧而得名。《金县地名志》（1988）、《大连海域地名志》（1989）和《中国海域地名志》（1989）记为外双坨子岛，《中国海域地名图集》（1991）等记为外双坨子。第二次全国海域地名普查时该岛定名为西双坨子，东侧海岛定名为东双坨子。该岛近圆形，岸线长 386 米，面积 10 342 平方米，最高点高程 21.6 米。基岩岛，属震旦纪南关岭组灰岩。岛岸陡峭，发育有沙滩。土壤层较厚，植被茂密，主要生长灌木及草本植物，乔木较少。岛上有大地控制点标志和弃用的灯塔。

东亮岛 (Dōngliàng Dǎo)

北纬 39°18.5′、东经 122°15.7′。位于黄海北部大连市金州新区海域，距杏树屯街道最近点 110 米。因该岛位于东亮村附近而得名。岸线长 33 米，面积 56 平方米，最高点高程 3.2 米。基岩岛，海岸陡峭，无土壤和植被。

小东亮岛 (Xiǎodōngliàng Dǎo)

北纬 39°18.6′、东经 122°15.6′。位于黄海北部大连市金州新区海域，距杏树屯街道最近点 80 米。因位于东亮岛附近且面积较小，故名。岸线长 16 米，面积 16 平方米，最高点高程 2.1 米。基岩岛，海岸陡峭，无土壤和植被。

长岛子 (Cháng Dǎozi)

北纬 39°18.5′、东经 121°40.3′。位于渤海大连市金州新区海域，距七顶山街道最近点 430 米。因岛体狭长而得名。原名长山岛。《大连海域地名志》（1989）记为长坨子岛，《中国海域地名图集》（1991）等记为长岛子。岛体呈西北—东南走向，岸线长 6.78 千米，面积 0.694 6 平方千米，最高点高程 24.5 米。基岩岛，属震旦纪兴民村组灰岩及页岩。地势平坦，平潮时人、车可入。有土壤层，植被茂盛，乔木以黑松林为主。由公路与大陆连接成陆连岛。2011 年岛上户籍人口 118 人，常住人口 82 人，水电从大陆引入。陆岛交通主要靠公路连接，岛内交通有贯岛公路。建有渔业码头、水产养殖公司、水产品加工厂、海珍品苗种培育室、通信发射塔等基础设施。周边海域为围海养殖区和底播增养殖区，海岛经济以渔业为主。

安子山 (Ānzi Shān)

北纬 39°18.3′、东经 121°39.7′。位于渤海大连市金州新区海域，距七顶山街道最近点 2.93 千米。因岛体形似马鞍，后谐音得名。《大连海域地名志》(1989) 和《中国海域地名志》(1989) 记为鞍子山岛，《金县地名志》(1988)、《中国海域地名图集》(1991) 等记为安子山，《全国海岛名称与代码》(2008) 称鞍子山。岛近椭圆形，呈东西走向，岸线长 693 米，面积 26 115 平方米，最高点高程 36.7 米。基岩岛，主要由灰岩和页岩构成，属下寒武纪粉砂岩。地势中间凸起四周坡缓，岸线陡峭，南部有沙滩。发育有黑色土壤。植被较茂密，主要生长灌木及草本植物，以野韭菜为主，乔木较少。岛顶部建有导航碑。

磨磨石 (Mómó Shí)

北纬 39°17.5′、东经 121°36.8′。位于渤海大连市金州新区海域，距七顶山街道最近点 1.43 千米。因岛体形似磨盘而得名。《国家测绘局地形图》(1995) 标注为磨磨石。岛体呈东西走向，岸线长 176 米，面积 973 平方米，最高点高程 13 米。基岩岛，四周岩壁陡峭，低潮时周边海域有裸露的岩礁。岛体岩缝中有少量土壤，生长草本植物。

荒坨子 (Huāng Tuózi)

北纬 39°17.1′、东经 121°40.2′。位于渤海大连市金州新区海域，距七顶山街道最近点 1.33 千米。因岛上荒芜、野草丛生而得名。《大连海域地名志》(1989) 和《中国海域地名志》(1989) 记为荒坨子岛，《中国海域地名图集》(1991) 等记为荒坨子。岛近梯形，呈南北走向。岸线长 1.05 千米，面积 0.061 平方千米，最高点高程 35.6 米。基岩岛，地势中间高四周低，海岸多沙滩，低潮时可涉水上岛。有薄层土壤，主要生长灌木及草本植物，乔木较少。岛上有砖砌白色看海房屋，住有海水养殖临时看护人员。水从大陆运送，电靠柴油发电机供给。建有简易码头。周边海域为底播增养殖区。

东坨子 (Dōng Tuózi)

北纬 39°16.6′、东经 122°17.8′。位于黄海北部大连市金州新区海域，距黑岛最近点 60 米。因位于黑岛东侧而得名。《国家测绘局地形图》（1995）标注为东坨子。岛体呈南北走向，岸线长 106 米，面积 616 平方米，最高点高程 13.4 米。基岩岛，四周岩壁陡峭，低潮时有裸露的岩礁和砂砾滩与黑岛连接。岩缝中有少量土壤，生长草本植物。

杏石岛 (Xìngshí Dǎo)

北纬 39°16.5′、东经 122°16.8′。位于黄海北部大连市金州新区海域，距杏树屯街道最近点 3.51 千米，距黑岛最近点 30 米。岛体形似一巨大石块且位于杏树屯街道，故名。岛近南北走向，岸线长 59 米，面积 252 平方米，最高点高程 2.6 米。基岩岛，与黑岛岸线平行，狭长平缓，低潮时有裸露的岩礁和砂砾滩与黑岛连接。无土壤和植被。

黑岛 (Hēi Dǎo)

北纬 39°16.4′、东经 122°17.2′。位于黄海北部大连市金州新区海域，距杏树屯街道最近点 3.52 千米。因岛体颜色灰暗而得名。《金县地名志》（1988）、《大连海域地名志》（1989）、《中国海域地名志》（1989）等均记为黑岛。岛体呈西北—东南走向，岸线长 5.22 千米，面积 0.909 1 平方千米，最高点高程 50.1 米。基岩岛，以侵蚀低丘地貌为主。西部沟谷交错，南部峭壁，南北为海湾，发育有沙滩，可停泊渔船。该岛表层为风化层，发育有棕壤土，土质肥沃，有淡水资源。植被茂盛，主要生长灌木及草本植物，乔木较少，以槐树和松柏为主。2011 年岛上有户籍人口 236 人，常住人口 500 人。水靠地下淡水供给，电由海底电缆从大陆引入。陆岛交通主要靠渔船，岛内交通有简易公路。岛上有民居、商店等基础设施。

南滩岛 (Nántān Dǎo)

北纬 39°16.1′、东经 122°17.3′。位于黄海北部大连市金州新区海域，距杏树屯街道最近点 4.44 千米，距黑岛最近点 30 米。位于黑岛南部，且形似露出海面的沙滩，故名。岛体呈西北—东南走向，岸线长 71 米，面积 326 平方米，最高点高程 1.4 米。基岩岛，与黑岛岸线平行，狭长平缓，低潮时有裸露的岩礁和砂砾滩与黑岛连接，无土壤和植被。

空坨子 (Kōng Tuózi)

北纬 39°15.7′、东经 121°34.7′。位于渤海大连市金州新区海域，距七顶山街道最近点 770 米。因岛体岩洞多而得名。《大连海域地名志》（1989）和《中国海域地名志》（1989）记为空坨子岛，《中国海域地名图集》（1991）等标注为空坨子。岛近菱形，呈南北走向，岸线长 1.4 千米，面积 0.093 5 平方千米，最高点高程 52.6 米。基岩岛，属下奥陶纪治里组灰岩。西部、北部岩壁陡峭，北部岩壁上有约高 2 米、宽 5 米、长 10 米的可容纳二三十人的溶洞，周围分布着无数小洞，东南部有贝壳滩。发育有薄层土壤，主要生长草本植物，乔木和灌木较少。岛上有一处简易看海小屋和一处废弃预制板房，住有海水养殖临时看护人员。水从大陆运送，电靠电瓶供给。海岛顶部设有大地控制点标志和导航碑，周边海域为底播增养殖区。

海狮岛 (Hǎishī Dǎo)

北纬 39°14.8′、东经 122°10.1′。位于黄海北部大连市金州新区海域，距杏树屯街道最近点 310 米。因岛体形似海狮而得名。由两个岛体组成，岸线长 23 米，面积 31 平方米，最高点高程 5.3 米。基岩岛，无土壤和植被。

老母猪礁岛 (Lǎomǔzhūjiāo Dǎo)

北纬 39°14.8′、东经 122°10.0′。位于黄海北部大连市金州新区海域，距杏树屯街道最近点 210 米。沿岸村民习惯称之为老母猪礁，因与低潮高地重名，更为今名。岸线长 47 米，面积 160 平方米，最高点高程 8.4 米。基岩岛，无土壤和植被。

西大坨子 (Xīdà Tuózi)

北纬 39°14.4′、东经 121°29.6′。位于渤海大连市金州新区海域，距大魏家街道最近点 8.58 千米。岛体较大得名大坨子或大坨子岛，因重名，1983 年改名西大坨子岛。《大连海域地名志》（1989）和《中国海域地名志》（1989）记为西大坨子岛，《中国海域地名图集》（1991）等标注为西大坨子。岛体呈东北—西南走向，岸线长 628 米，面积 23 134 平方米，最高点高程 22.4 米。基岩岛，四周岩壁陡峭，低潮时周边海域岩礁裸露，顶部较为平坦，发育土壤层，生长草本植物。

万年船 （Wànniánchuán）

　　北纬 39°14.3′、东经 121°29.4′。位于渤海大连市金州新区海域，距大魏家街道最近点 8.91 千米。因礁石高耸、形如帆船而得名。《大连海域地名志》（1989）和《中国海域地名志》（1989）记为万年船礁，《中国海域地名图集》（1991）标注为万年船。岛体呈东西走向，岸线长 126 米，面积 461 平方米，最高点高程 10.7 米。基岩岛，主峰岩壁陡峭，低潮时周边海域岩礁裸露，岩缝中有少量土壤，生长草本植物。

汗坨子 （Hàn Tuózi）

　　北纬 39°13.5′、东经 121°35.3′。位于渤海大连市金州新区海域，距大魏家街道最近点 2.59 千米。因落潮时可步行上岛得名旱坨子，后谐音汗坨子。《金县地名志》（1988）、《中国海域地名图集》（1991）等记为汗坨子，《大连海域地名志》（1989）和《中国海域地名志》（1989）记为汗坨子岛。岛近椭圆形，呈东西走向，岸线长 224 米，面积 3 077 平方米，最高点高程 12 米。基岩岛，四周多石英岩陡壁，地表土壤层较厚，主要生长草本植物，灌木较少。岛由围海养殖堤坝与干岛子和大陆连接，岛上有一处简易看海小平房，住有海水养殖临时看护人员，水从大陆运送，电靠电瓶供给，周边海域为围海养殖区。

鸭蛋坨子 （Yādàn Tuózi）

　　北纬 39°13.2′、东经 121°35.2′。位于渤海大连市金州新区海域，距大魏家街道最近点 1.82 千米。因岛体有 3 个椭圆形凸起形似鸭蛋而得名。《大连海域地名志》（1989）记为鸭蛋坨子岛，《中国海域地名图集》（1991）等标注为鸭蛋坨子。由 3 个岛体组成，呈西北—东南走向，岸线长 322 米，面积 5 436 平方米，最高点高程 15 米。基岩岛，四周岩壁陡峭，低潮时有裸露的岩礁和砂砾滩连接 3 个岛体。海岛顶部发育薄层土壤，主要生长灌木及草本植物，有少量人工乔木。岛由围海养殖堤坝与干岛子和大陆连接，岛上有看海小屋、别墅等基础设施，住有海水养殖临时看护人员和休闲度假及管理人员，水电从干岛子引入。岛上种有蔬菜和农作物，周边海域为围海养殖区。

偏坨子 (Piān Tuózi)

北纬 39°13.0′、东经 121°29.4′。位于渤海大连市金州新区海域，距大魏家街道最近点 8.31 千米。因岛体自北向南倾斜而得名。《金县地名志》（1988）、《中国海域地名图集》（1991）等记为偏坨子，《大连海域地名志》（1989）和《中国海域地名志》（1989）记为偏坨子岛。岛体呈南北走向，岸线长 434 米，面积 9 362 平方米，最高点高程 21.1 米。基岩岛，地势北部高，岸线陡峭，南部坡缓。海岛表层为风化层，土壤发育不完善，主要为片岩类棕壤性土，生长草本植物及少量灌木。

干岛子 (Gān dǎozi)

北纬 39°13.0′、东经 121°36.9′。位于渤海大连市金州新区海域，距大魏家街道最近点 130 米。因低潮时有裸露的沙滩与大陆连接得名旱坨子，后称干岛子。《国家测绘局地形图》（1995）标注为干岛子。岛体呈东西走向，岸线长 8.46 千米，面积 2.066 9 平方千米，最高点高程 128.2 米。基岩岛，地势东部较高，西部坡缓，地表土壤层较厚，植被茂密。2011 年岛上有户籍人口 453 人，常住人口 343 人，居民住在海岛的北部和西南部，水电从大陆引入。滨海公路横穿海岛与大陆连接，陆岛交通便利。岛上有耕地，种有蔬菜、果树等农作物，周边海域围海养殖面积较大。

底星 (Dǐxīng)

北纬 39°12.8′、东经 121°30.7′。位于渤海大连市金州新区海域，距大魏家街道最近点 6.47 千米。因高出海平面部分较小，呈星星状散布而得名。《中国海域地名图集》（1991）标注为底星。岛体呈南北走向，岸线长 114 米，面积 914 平方米，最高点高程 0.5 米。基岩岛，礁盘间有砂砾滩分布，无土壤和植被。

金平岛 (Jīnpíng Dǎo)

北纬 39°12.3′、东经 122°09.9′。位于黄海北部大连市金州新区海域，距登沙河街道最近点 3.59 千米。岛顶平坦，且位于金州区海域，故名。岛体呈东北—西南走向，岸线长 111 米，面积 915 平方米，最高点高程 1.8 米。基岩岛，无土壤和植被。

黑平岛 (Hēipíng Dǎo)

北纬 39°12.1′、东经 122°09.7′。位于黄海北部大连市金州新区海域，距登沙河街道最近点 3.61 千米。岛体平坦且呈黑色，故名。岛近东西走向，岸线长 47 米，面积 149 平方米，最高点高程 1.2 米。基岩岛，无土壤和植被。

东咀岛 (Dōngzuǐ Dǎo)

北纬 39°12.1′、东经 121°29.8′。位于渤海大连市金州新区海域，距大魏家街道最近点 7.51 千米。因位于东蚂蚁岛东侧山嘴而得名。《全国海岛名称与代码》（2008）记为东咀岛。岛近南北走向，岸线长 197 米，面积 2 194 平方米，最高点高程 5 米。基岩岛，低潮时西侧海域有裸露的沙脊与东蚂蚁岛连接，地表土壤层稀薄，生长草本植物。

尖岛 (Jiān Dǎo)

北纬 39°12.1′、东经 122°09.8′。位于黄海北部大连市金州新区海域，距登沙河街道最近点 3.68 千米。因岛顶呈尖形而得名。岛体呈南北走向，岸线长 86 米，面积 368 平方米，最高点高程 2 米。基岩岛，无土壤和植被。

黑礁 (Hēi Jiāo)

北纬 39°11.7′、东经 122°07.3′。位于黄海北部大连市金州新区海域，距登沙河街道最近点 560 米。因岛体呈黑色而得名。《金县地名志》（1988）记为黑礁。岛体呈南北走向，岸线长 62 米，面积 196 平方米，最高点高程 2.6 米。基岩岛，低潮时有裸露的砂砾滩与大陆连接，无土壤和植被。

东蚂蚁岛 (Dōngmǎyǐ Dǎo)

北纬 39°11.7′、东经 121°29.2′。位于渤海大连市金州新区海域，距大魏家街道最近点 7.53 千米。位于西蚂蚁岛东侧，岛形似蚂蚁，故名。《大连海域地名志》（1989）、《中国海域地名志》（1989）、《中国海域地名图集》（1991）和《全国海岛名称与代码》（2008）均记为东蚂蚁岛。岛体呈东北—西南走向，岸线长 4.96 千米，面积 0.871 7 平方千米，最高点高程 85 米。基岩岛，主要由石灰岩构成，北部岸线多陡壁、有暗礁，东南部岸线较平缓、多沙滩，低潮时有裸露的砂砾滩与东咀子连接。发育土壤层，主要生长灌木及草本植物，乔木较少。曾为有居民海岛，因缺淡水 1965 年居民迁出。岛上有几处废弃民居，住有海水养殖临时看护人员，水由西蚂蚁岛运送，电靠发电机供给。周边海域为底播增养殖区。

西蚂蚁岛 (Xīmǎyǐ Dǎo)

北纬 39°11.4′、东经 121°28.4′。位于渤海大连市金州新区海域，距大魏家街道最近点 9.32 千米。岛体呈细长状，窄处低平，形似蚂蚁，故名。《辽宁省地名录》（1988）、《大连海域地名志》（1989）、《中国海域地名志》（1989）、《中国海域地名图集》（1991）等均记为西蚂蚁岛。岛体呈西北—东南走向，岸线长 9.36 千米，面积 1.131 4 平方千米，最高点高程 54.6 米。基岩岛，主要由石灰岩构成，属古生界奥陶寒武系地层，岛体细长，地势北高南低，窄处低平，海岸多陡峭，多暗礁，东西部发育有沙滩，西北部岛体因海水侵蚀受损。土壤层较厚，植被茂密。

该岛为村级有居民海岛，户籍人口 211 人，常住人口 180 人，水由地下淡水井和收集雨水供给，电靠发电机提供。陆岛交通有客货码头，民居集中在码头西侧。岛上有商店、农家宾馆、医疗站、大地控制点标志等基础设施，有沙滩、观景亭等自然景点。

青坨子 (Qīng Tuózi)

北纬 39°10.9′、东经 121°35.0′。位于渤海大连市金州新区海域，距大魏家街道最近点 760 米。原名鲭鱼坨子岛，以周围特产鲭鱼而得名，后谐音称青坨子。《大连海域地名志》（1989）和《中国海域地名志》（1989）记为青坨子岛，《中国海域地名图集》（1991）等记为青坨子。岛体呈圆形，岸线长 381 米，面积 10 892 平方米，最高点高程 17.4 米。基岩岛，属上奥陶纪马家沟组灰岩，地势中间高四周低，岸壁陡峭，北部发育有弧形沙滩，四周布满暗礁。土壤层稀薄，主要生长灌木及草本植物，乔木较少。有人工修建的小路可直达岛顶，岛上有弃用房屋和水井。

海鸭岛 (Hǎiyā Dǎo)

北纬 39°10.0′、东经 122°10.9′。位于黄海北部大连市金州新区海域，距大李家街道最近点 2.07 千米。因海鸭常聚集此地而得名。岸线长 77 米，面积 172 平方米，最高点高程 3.4 米。基岩岛，岛岸陡峭，无土壤和植被。

蛋坨子 (Dàn Tuózi)

北纬 39°09.9′、东经 122°11.0′。位于黄海北部大连市金州新区海域，距大李家街道最近点 2 千米。因岛上多鸟蛋而得名。《金县地名志》（1988）和《中国海域地名图集》（1991）记为蛋坨子，《大连海域地名志》（1989）、《中国海域地名志》（1989）等记为蛋坨子岛。原由两个岛体组成，后该岛定名为蛋坨子，西侧海岛定名为鸟岛。岛体呈"V"形，岸线长 562 米，面积 10 860 平方米，最高点高程 56.4 米。基岩岛，主要由石灰岩构成，地势东、南、北三面绝壁，崖下急流漩涡，西部略缓，海岸有松软细沙，低潮时有裸露的砂砾滩与鸟岛连接。海岛不易攀登，是候鸟天然栖息、停歇和产卵生殖场所。地表为风化层，发育棕壤性土，春秋两季，候鸟群栖，鸟粪堆积成沃土。因南来北往的候鸟带来了花卉种子，使得岛上植被茂密，奇花异草繁衍，乔木较少。岛上建有简易小屋，住有海岛鸟类保护人员。岩壁上有"蛋坨子"名称标志。

鸟岛 (Niǎo Dǎo)

北纬 39°09.9′、东经 122°10.9′。位于黄海北部大连市金州新区海域，距大李家街道最近点 1.82 千米。因岛上常有海鸟栖息而得名。《金县地名志》（1988）和《中国海域地名图集》（1991）记为蛋坨子，《大连海域地名志》（1989）、《中国海域地名志》（1989）等记为蛋坨子岛。原由两个岛体组成，后该岛定名为鸟岛，东侧海岛定名为蛋坨子。岛体呈东北—西南走向，岸线长 442 米，面积 8 257 平方米，最高点高程 56.7 米。基岩岛，主要由石灰岩构成，四周岩壁陡峭，低潮时有裸露的砂砾滩与蛋坨子连接。海岛不易攀登，是候鸟天然栖息、停歇和产卵生殖场所，春秋两季，候鸟群栖，鸟粪堆积。地表为风化层，顶部发育稀薄棕壤性土，岩缝中生长草本植物。岩壁上有"鸟岛"名称标志。

范家坨子 (Fànjiā Tuózi)

北纬 39°09.7′、东经 121°36.8′。位于渤海大连市金州新区海域，距大魏家街道最近点 1.05 千米。因海岛昔日曾居住范姓居民而得名。《大连海域地名志》

（1989）和《中国海域地名志》（1989）记为范家坨子岛，《中国海域地名图集》（1991）等记为范家坨子。岛近椭圆形，呈西北—东南走向，岸线长 1.94 千米，面积 0.188 1 平方千米，最高点高程 39.2 米。基岩岛，主要由石灰岩构成，属上奥陶纪马家沟组灰岩，西南多陡崖，东部有长约 400 米的弧形贝壳滩。土壤层较厚，主要生长灌木及草本植物，乔木较少。曾为有居民海岛，1952 年居民全部迁出，有民居残留，住有海水养殖临时看护人员，水靠人工从大陆输送，电由电瓶供给。海岛有旅游开发痕迹，有水井、花坛、景观池等基础设施。

靴子礁 (Xuēzi Jiāo)

北纬 39°08.1′、东经 122°06.3′。位于黄海北部大连市金州新区海域，距大李家街道最近点 50 米。因岛形似靴子而得名。岛体呈东西走向，岸线长 174 米，面积 1 647 平方米，最高点高程 1.2 米。基岩岛，顶部有少量土壤，生长草本植物。由人工堤坝与大陆连接。

柜礁石 (Guìjiāo Shí)

北纬 39°06.3′、东经 122°02.4′。位于黄海北部大连市金州新区海域，距金石滩街道最近点 210 米。因岛体形似柜子而得名。《中国海域地名图集》（1991）标注为柜礁石。岛体呈东西走向，岸线长 114 米，面积 686 平方米，最高点高程 10 米。基岩岛，四周岩壁陡峭，岛体奇石怪岩，地表有薄层土壤，生长灌木及草本植物。

坨子 (Tuózi)

北纬 39°05.7′、东经 122°02.7′。位于黄海北部大连市金州新区海域，距金石滩街道最近点 260 米。坨子为当地俗称。岛体呈西北—东南走向，岸线长 133 米，面积 884 平方米，最高点高程 3.8 米。基岩岛，低潮时西北部有沙脊裸露，岩缝中有少量土壤，生长草本植物。

狮子头岛 (Shīzitóu Dǎo)

北纬 39°03.9′、东经 122°04.1′。位于黄海北部大连市金州新区海域，距金石滩街道最近点 260 米。因岛体形似狮子头而得名。岛体呈西北—东南走向，岸线长 25 米，面积 37 平方米，最高点高程 5.2 米。基岩岛，无土壤和植被。

草坨子 (Cǎo Tuózi)

北纬 39°03.7′、东经 122°03.9′。位于黄海北部大连市金州新区海域,距金石滩街道最近点 110 米。因岛上野草丛生而得名。《大连海域地名志》(1989)记为草坨子岛。岛近椭圆形,岸线长 94 米,面积 454 平方米,最高点高程 7 米。基岩岛,低潮时周边岩礁裸露,地表有薄层土壤,生长草本植物。

小草坨子岛 (Xiǎocǎo Tuózi Dǎo)

北纬 39°03.8′、东经 122°03.8′。位于黄海北部大连市金州新区海域,距金石滩街道最近点距离 90 米。位于草坨子附近,且较小,故名。岸线长 17 米,面积 22 平方米,最高点高程 3.2 米。基岩岛,四周岩壁陡峭,顶部有薄层土壤,生长草本植物。

象鼻岛 (Xiàngbí Dǎo)

北纬 39°03.7′、东经 122°03.5′。位于黄海北部大连市金州新区海域,距金石滩街道最近点 20 米。因岛形似大象的鼻子而得名。岛体呈南北走向,岸线长 46 米,面积 145 平方米,最高点高程 4.7 米。基岩岛,由片麻岩构成,四周岩壁陡峭,岩缝中有少量土壤,生长草本植物。

圈中岛 (Quānzhōng Dǎo)

北纬 39°03.0′、东经 121°55.7′。位于黄海北部大连市金州新区海域,距董家沟街道最近点 50 米。因位于养殖围堰(俗称“养殖圈”)内而得名。岸线长 34 米,面积 81 平方米,最高点高程 2.5 米。基岩岛,岩缝中有少量土壤,生长草本植物。

金州黑礁 (Jīnzhōu Hēijiāo)

北纬 39°02.8′、东经 121°58.0′。位于黄海北部大连市金州新区海域,距金石滩街道最近点 20 米。岛体呈黑色得名黑礁,因省内重名,且位于金州区,更为今名。岛体呈东北—西南走向,岸线长 21 米,面积 36 平方米,最高点高程 1.1 米。基岩岛,低潮时有裸露的砂砾滩与大陆连接,无土壤和植被。

双蛙岛 (Shuāngwā Dǎo)

北纬 39°02.5′、东经 121°58.1′。位于黄海北部大连市金州新区海域,距金石滩街道最近点 100 米。因岛体形似两只青蛙而得名。基岩岛，岛体呈南北走向，岸线长 70 米，面积 152 平方米，最高点高程 4.2 米。无土壤和植被。

蛏子岛 (Chēngzi Dǎo)

北纬 39°02.4′、东经 121°58.1′。位于黄海北部大连市金州新区海域，距金石滩街道最近点 50 米。因岛体形似蛏子而得名。基岩岛，岛近南北走向，岸线长 65 米，面积 191 平方米，最高点高程 3.2 米。无土壤和植被。

小蛏子岛 (Xiǎochēngzi Dǎo)

北纬 39°02.4′、东经 121°58.1′。位于黄海北部大连市金州新区海域，距金石滩街道最近点 90 米。因位于蛏子岛附近且面积较小，故名。基岩岛，岛近南北走向，岸线长 26 米，面积 48 平方米，最高点高程 2 米。无土壤和植被。

尖石 (Jiān Shí)

北纬 39°02.4′、东经 121°56.7′。位于黄海北部大连市金州新区海域，距董家沟街道最近点 40 米。因岛体顶部尖而得名。岸线长 57 米，面积 53 平方米，最高点高程 10.8 米。基岩岛，岩缝中有少量土壤，生长草本植物。

尖石西岛 (Jiānshí Xīdǎo)

北纬 39°02.4′、东经 121°56.7′。位于黄海北部大连市金州新区海域，距董家沟街道最近点 60 米。因位于尖石西侧而得名。岸线长 12 米，面积 6 平方米，最高点高程 1.4 米。基岩岛，无土壤和植被。

东三辆车岛 (Dōngsānliàngchē Dǎo)

北纬 39°01.9′、东经 122°01.7′。位于黄海北部大连市金州新区海域，距金石滩街道最近点 4.07 千米。因远眺如三辆马车在驰骋，又区别于南三辆车岛而得名，又名东三辆车礁。《金县地名志》（1988）和《中国海域地名图集》（1991）记为东三辆车岛，《大连海域地名志》（1989）、《中国海域地名志》（1989）和《全国海岛名称与代码》（2008）记为东三辆车礁。由 3 个岛体组成，呈东北—西南走向，岸线长 187 米，面积 2 238 平方米，最高点高程 6 米。基岩岛，低潮时 3 个岛体由裸露的岩礁连接，地表土壤发育不完善，土层较薄，无植被。岛上建有简易码头、3 处圆形临时建筑、简易风电设备，住有海水养殖临时看护人员，水由大陆运送，周边海域为底播养殖区。

泊石 (Bó Shí)

北纬39°01.5′、东经121°46.5′。位于黄海北部大连市金州新区海域，为孤岛，距大孤山街道最近点40米。岛体呈东北—西南走向，岸线长40米，面积92平方米，最高点高程24.1米。基岩岛，四周岩壁陡峭，岩缝中有少量土壤，生长草本植物。

鸳鸯坨子 (Yuānyāng Tuózi)

北纬39°18.3′、东经122°30.3′。位于黄海北部大连市长海县海域，距大陆最近点15.46千米，距大长山岛最近点500米。因岛体成双似鸳鸯而得名。《大连海域地名志》（1989）和《中国海域地名志》（1989）记为鸳鸯坨子岛，《中国海洋岛屿简况》（1980）、《中国海域地名图集》（1991）和《全国海岛名称与代码》（2008）记为鸳鸯坨子。岛体呈不规则形状，岸线长192米，面积1 951平方米，最高点高程20米。基岩岛，低潮时有裸露的岩礁和砂砾滩与东鸳鸯坨子岛连接。有薄层土壤，生长灌木及草本植物。岛顶中部建有灯塔，是指引船舶进出鸳鸯港航道的重要航行标志。

东鸳鸯坨子岛 (Dōngyuānyāng Tuózi Dǎo)

北纬39°18.3′、东经123°30.3′。位于黄海北部大连市长海县海域，距大陆最近点15.53千米，距大长山岛最近点500米。位于鸳鸯坨子东侧，故名。《大连海域地名志》（1989）和《中国海域地名志》（1989）记为鸳鸯坨子岛，《中国海洋岛屿简况》（1980）、《中国海域地名图集》（1991）和《全国海岛名称与代码》（2008）记为鸳鸯坨子。岛近椭圆形，呈东北—西南走向，岸线长96米，面积554平方米，最高点高程10米。基岩岛，四周岩壁陡峭，西南侧有沙滩，低潮时有裸露的岩礁和砂砾滩与鸳鸯坨子连接。表层有薄层土壤，生长草本植物。

后坨子 (Hòu Tuózi)

北纬39°18.1′、东经122°33.7′。位于黄海北部大连市长海县海域，距大陆最近点17.01千米，距大长山岛最近点200米。因位于大长山岛后海而得名，又名北坨子。《中国海洋岛屿简况》（1980）记为北坨子，《大连海域地名志》

（1989）和《中国海域地名志》（1989）记为后坨子岛，《中国海域地名图集》（1991）标注为后坨子。岛体琵琶形，呈东北—西南走向，岸线长 1.29 千米，面积 0.073 4 平方千米，最高点高程 74 米。基岩岛，主要由石英岩构成，北高陡峭，南坡斜中间洼，北部山石嶙峋，有海蚀洞穴，南部低潮时有裸露的海底沙脊与大长山岛连接。土壤层较薄，乔木以松树和槐树为主。岛顶部有临时搭建的活动板房，住有海水养殖临时看护人员，水电从大长山岛引入，周边海域为浮筏养殖区和底播增养殖区。

水坨子 (Shuǐ Tuózi)

北纬 39°18.1′、东经 122°29.7′。位于黄海北部大连市长海县海域，距大陆最近点 15.24 千米，距大长山岛最近点 50 米。岛形似浮于水面的测深水砣，故名。《中国海洋岛屿简况》（1980）中称为流水坨子；《大连海域地名志》（1989）和《中国海域地名志》（1989）记为水坨子岛；《中国海域地名图集》（1991）和《全国海岛名称与代码》（2008）记为水坨子。岛体呈西北—东南走向，岸线长 197 米，面积 2 010 平方米，最高点高程 13.3 米。基岩岛，主要由片麻岩和石英岩构成，低潮时有裸露的岩礁和砂砾滩与大长山岛连接。海岛表层为风化壳残留物，土壤层稀薄，植被稀疏，生长少量灌木及草本植物。

双面岛 (Shuāngmiàn Dǎo)

北纬 39°18.0′、东经 122°29.9′。位于黄海北部大连市长海县海域，距大陆最近点 15.52 千米，距大长山岛最近点 80 米。因岛体两侧均似人面而得名。岸线长 29 米，面积 46 平方米，最高点高程 8 米。基岩岛，四周岩壁陡峭，低潮时有裸露的岩礁和砂砾滩与大长山岛连接。海岛岩缝中有少量土壤，生长草本植物。

西草坨子 (Xīcǎo Tuózi)

北纬 39°18.0′、东经 122°29.5′。位于黄海北部大连市长海县海域，距大陆最近点 15.16 千米，距大长山岛最近点 20 米。岛上长有茂密草丛，与东草坨子相对，故名。岛体呈东西走向，岸线长 333 米，面积 6 804 平方米，最高点高程 20 米。基岩岛，四周岩壁陡峭，低潮时周边海域有裸露的岩礁和砂砾滩与大长山岛连接。发育土壤层，植被茂密，主要生长草本植物。岛东南侧建有灯塔。

月牙岛 (Yuèyá Dǎo)

北纬 39°18.0′、东经 122°30.1′。位于黄海北部大连市长海县海域，距大陆最近点 15.76 千米，距大长山岛最近点 30 米。位于大长山岛月牙村西侧海湾，故名。岛体呈西北—东南走向，岸线长 70 米，面积 343 平方米，最高点高程 10 米。基岩岛，四周岩壁陡峭，低潮时有裸露的岩礁和砂砾滩与大长山岛连接。海岛岩缝中有少量土壤，生长草本植物。

北嘴江 (Běizuǐ Jiāng)

北纬 39°17.9′、东经 122°33.3′。位于黄海北部大连市长海县海域，距大陆最近点 17.46 千米，距大长山岛最近点 60 米。因岛体位于大长山岛北山嘴近岸海域而得名。《大连海域地名志》（1989）和《中国海域地名图集》（1991）记为北嘴江。岛体呈西北—东南走向，岸线长 47 米，面积 153 平方米，最高点高程 5 米。基岩岛，主要由石英岩构成，低潮时有裸露的岩礁和砂砾滩与大长山岛连接，岩缝中有少量土壤，生长草本植物。

金塔岛 (Jīntǎ Dǎo)

北纬 39°17.6′、东经 122°33.6′。位于黄海北部大连市长海县海域，距大陆最近点 18.16 千米，距大长山岛最近点 20 米。因岛体形似金字塔而得名。岸线长 49 米，面积 136 平方米，最高点高程 10 米。基岩岛，四周岩壁陡峭，低潮时有裸露的岩礁和砂砾滩与大长山岛连接。海岛岩缝中有少量土壤，生长草本植物。

钓鱼台 (Diàoyútái)

北纬 39°17.4′、东经 122°34.0′。位于黄海北部大连市长海县海域，距大陆最近点 18.78 千米，距大长山岛最近点 100 米。远观海岛顶部平整，如同钓台，故名。岛体呈不规则形状，岸线长 35 米，面积 90 平方米，最高点高程 4 米。基岩岛，低潮时周边海域有裸露的岩礁，无土壤和植被。

大尖石 (Dàjiān Shí)

北纬 39°17.3′、东经 122°34.0′。位于黄海北部大连市长海县海域，距大陆最近点 18.94 千米，距大长山岛最近点 50 米。因岛顶尖如刀削而得名。《中国海域地名图集》(1991) 标注为大尖石。岛体呈东北—西南走向，岸线长 64 米，面积 145 平方米，最高点高程 5 米。基岩岛，低潮时有裸露的岩礁和砂砾滩与大长山岛连接，无土壤和植被。

双人石 (Shuāngrén Shí)

北纬 39°17.2′、东经 122°37.8′。位于黄海北部大连市长海县海域，距大陆最近点 20.4 千米，距大长山岛最近点 50 米。因两岛体并列形如巨人而得名。《中国海域地名图集》(1991) 标注为双人石。由两个岛体组成，呈西北—东南走向，岸线长 53 米，面积 89 平方米，最高点高程 8 米。基岩岛，海蚀柱地貌，低潮时有裸露的岩礁和砂砾滩与大长山岛连接，无土壤和植被。

后沙山岛 (Hòushāshān Dǎo)

北纬 39°17.2′、东经 122°38.2′。位于黄海北部大连市长海县海域，距大陆最近点 20.53 千米，距大长山岛最近点 30 米。该岛位于后沙村北侧，故名。岛体呈不规则状，岸线长 84 米，面积 533 平方米，最高点高程 5 米。基岩岛，四周岩壁陡峭，顶部有崩塌现象，低潮时有裸露的岩礁与大长山岛连接，无土壤和植被。

大黄礁 (Dàhuáng Jiāo)

北纬 39°17.0′、东经 122°40.2′。位于黄海北部大连市长海县海域，距大长山岛最近点 1.2 千米。岛体呈黄色，相对小黄礁较大，故名。《中国海洋岛屿简况》(1980)、《大连海域地名志》(1989)、《中国海域地名志》(1989)、《中国海域地名图集》(1991) 和《全国海岛名称与代码》(2008) 均记为大黄礁。岛近圆形，岸线长 360 米，面积 8 099 平方米，最高点高程 9.1 米。基岩岛，由片麻岩构成，顶部有石英，低潮时周边海域有裸露的岩礁，地表土壤稀少，生长草本植物。

西北江 (Xīběi Jiāng)

北纬 39°17.0′、东经 122°38.6′。位于黄海北部大连市长海县海域，距大陆最近点 20.99 千米，距大长山岛最近点 200 米。位于大长山岛后海北侧偏西方，故名。《中国海域地名图集》(1991) 标注为西北江。岛近南北走向，岸线长

234 米，面积 2 947 平方米，最高点高程 4 米。基岩岛，低潮时周边海域有裸露的岩礁，无土壤和植被。

大长山岛（Dàchángshān Dǎo）

　　北纬 39°16.8′、东经 122°33.3′。位于黄海北部大连市长海县海域，距大陆最近点 15.28 千米。因岛长、大、多山而得名。明《辽东志》、明《全辽志》和清《盛京通志》均记为大长山岛；《辽宁省地名录》（1988）、《大连海域地名志》（1989）、《中国海域地名志》（1989）、《中国海域地名图集》（1991）和《全国海岛名称与代码》（2008）均记为大长山岛。岛狭长，东西走向，岸线长 59.67 千米，面积 24.878 平方千米，最高点高程 125.9 米。基岩岛，地貌以丘陵为主。西部山峦重叠，沟谷交错，海岸曲折，多海湾；西南岸陡峭，西面有莲花泡潟湖；东部地势北倾南缓，东端发育海蚀崖，东南岸为开阔滩涂，中部发育海蚀地貌，北岸为海水浴场。土壤层较厚，植被类型齐全，生长乔木、灌木、草本植物和水生植物，有农作物群落、果园、人工防护林等。

　　该岛是长海县人民政府所在地，2011 年户籍人口 27 772 人，常住人口 28 126 人，水电从大陆引入。陆岛交通有鸳鸯港、金蟾港、金盘港等客货码头和机场，岛内交通有贯连全岛的公路网和交通设施。岛上建有医院、学校、商场、宾馆、邮局、银行、通信等基础设施，有饮牛湾、三元宫、海参博物馆、北海浴场、祈祥园、环海公园、守岛烈士纪念塔等旅游景观。海岛经济原以渔业为主，林业和农业为辅，后因渔业资源衰退和生态环境压力，海岛建设向生态型、公园型和海洋牧场化方向转型。

元宝礁（Yuánbǎo Jiāo）

　　北纬 39°16.7′、东经 122°36.4′。位于黄海北部大连市长海县海域，距大长山岛最近点 10 米。岛顶部浑圆，形似元宝，故名。岛体呈南北走向，岸线长 47 米，面积 105 平方米，最高点高程 20 米。基岩岛，四周岩壁陡峭，低潮时有裸露的岩礁和砂砾滩与大长山岛连接。海岛顶部岩缝中有少量土壤，生长草本植物。

礁流岛（Jiāoliú Dǎo）

　　北纬 39°16.6′、东经 122°42.8′。位于黄海北部大连市长海县海域，距大陆最近点 24.19 千米，距大长山岛最近点 2.5 千米。因附近海域涡流回旋而得名，岛体两面分开像驴嘴又名叫驴岛。《中国海洋岛屿简况》（1980）、《大连海域地名志》（1989）、《中国海域地名志》（1989）、《中国海域地名图集》（1991）和《全国海岛名称与代码》（2008）均记为礁流岛。岸线长 96 米，面积 632 平方米，最高点高程 24.1 米。基岩岛，主要由石英岩和片麻岩构成，四周岩壁陡峭，低潮时有裸露的岩礁与礁流东岛连接。有少量土壤，生长草本植物。岛顶部建有灯塔，是指引船舶进出长山海峡东口复杂水域重要的航行标志。

礁流东岛 (Jiāoliú Dōngdǎo)

北纬 39°16.6′、东经 122°42.8′。位于黄海北部大连市长海县海域，距大陆最近点 24.22 千米，距大长山岛最近点 2.5 千米。原与礁流岛统称为礁流岛，因其位于礁流岛东侧，第二次全国海域地名普查时命今名。岸线长 101 米，面积 769 平方米，最高点高程 15 米。基岩岛，四周岩壁陡峭，低潮时有裸露的岩礁与礁流岛连接。有少量土壤，生长草本植物。

后江 (Hòu jiāng)

北纬 39°16.5′、东经 122°39.4′。位于黄海北部大连市长海县海域，距大陆最近点 22.27 千米，距大长山岛最近点 200 米。因位于大长山岛后海而得名。《中国海域地名图集》（1991）标注为后江。岛体呈不规则形状，岸线长 260 米，面积 3 250 平方米，最高点高程 4 米。基岩岛，地势平缓，低潮时周边有裸露的岩礁，无土壤和植被。

乌大坨子东岛 (Wūdàtuózi Dōngdǎo)

北纬 39°16.4′、东经 123°02.5′。位于黄海北部大连市长海县小长山乡海域，距大陆最近点 38.27 千米，距乌蟒岛最近点 3.1 千米。岛体呈东西走向，岸线长 493 米，面积 14 231 平方米，最高点高程 30 米。基岩岛，主要由片麻岩构成，东南部有塌陷有断崖，西北坡缓，岛岸以基岩为主。土壤层稀薄，生长草本植物。周边海域为浮筏养殖区和底播增养殖区。

乌大坨子西岛 (Wūdàtuózi Xīdǎo)

北纬 39°16.3′、东经 123°02.1′。位于黄海北部大连市长海县小长山乡海域，距大陆最近点 38.05 千米。岛体呈东西走向，岸线长 521 米，面积 12 157 平方米，最高点高程 30 米。基岩岛，主要由片麻岩构成，有两个凸起的山峰，四周岩壁陡峭。土壤层稀薄，生长草本植物。周边海域为浮筏养殖区和底播增养殖区。

大王江 (Dàwáng Jiāng)

北纬 39°16.4′、东经 122°32.9′。位于黄海北部大连市长海县海域，距大长山岛最近点 30 米。该岛位于大长山岛大王山前，故名。《中国海域地名图集》（1991）标注为大王江。岛体呈东北—西南走向，岸线长 52 米，面积 157 平方米，最高点高程 2 米。基岩岛，海岸陡峭，周边海域暗礁众多，无土壤和植被。周边海域为浮筏养殖区。

小黄礁 (Xiǎohuáng Jiāo)

北纬 39°16.4′、东经 122°40.2′。位于黄海北部大连市长海县海域，距大陆最近点 22.91 千米，距大长山岛最近点 200 米。因礁体呈黄色，相对大黄礁小而得名。《中国海域地名图集》（1991）标注为小黄礁。岛体呈不规则形状，东北—西南走向，岸线长 263 米，面积 3 080 平方米，最高点高程 3 米。基岩岛，主要由片麻岩构成，顶部有石英，地势低平，岛礁间有砂砾滩，无土壤和植被。

蛎坨子 (Lì Tuózi)

北纬 39°16.3′、东经 122°59.8′。位于黄海北部大连市长海县小长山乡海域，距大陆最近点 38.01 千米，距乌蟒岛最近点 1.2 千米。因盛产牡蛎而得名蛎坨子，形似犁铧又名犁坨子岛。《大连海域地名志》（1989）记为蛎坨子岛，《中国海域地名图集》（1991）标注为蛎坨子。岛体呈东西走向，岸线长 229 米，面积 3 046 平方米，最高点高程 18.8 米。基岩岛，主要由片麻岩构成，四周岩壁陡峭，低潮时有裸露的岩礁与菜坨子连接。土壤层稀薄，生长草本植物。周边海域为底播增养殖区。

乌北坨子 (Wūběi Tuózi)

北纬 39°16.3′、东经 122°59.1′。位于黄海北部大连市长海县小长山乡海域，距乌蟒岛最近点 1.5 千米。位于乌蟒岛北侧，故名。《中国海洋岛屿简况》（1980）记为北坨子，《大连海域地名志》（1989）和《中国海域地名志》（1989）记为乌北坨子岛，《中国海域地名图集》（1991）和《全国海岛名称与代码》（2008）记为乌北坨子。岛体呈西北—东南走向，岸线长933米，面积31 857平方米，最高点高程39.8米。基岩岛，主要由石英岩构成，四周岩壁陡峭，顶部较平，地表为风化层，发育有棕壤性土，生长灌木及草本植物。岛顶部有一处看海小平房，住有海水养殖临时看护人员，水从乌蟒岛运送，电由电瓶供给，周边海域为浮筏养殖区和底播增养殖区。

菜坨子 (Cài Tuózi)

北纬39°16.2′、东经123°00.2′。位于黄海北部大连市长海县小长山乡海域，距乌蟒岛最近点1千米。因岛上野菜繁多而得名菜坨子，又名财坨子。《中国海洋岛屿简况》（1980）、《中国海域地名图集》（1991）和《全国海岛名称与代码》（2008）均记为菜坨子，《大连海域地名志》（1989）和《中国海域地名志》（1989）均记为菜坨子岛。岛体呈梭形，东西走向，岸线长1.77千米，面积0.134 5平方千米，最高点高程76.8米。基岩岛，主要由片麻岩构成，南北岩壁陡峭，东西坡缓，低潮时有裸露的岩礁与蛎坨子连接。发育棕壤性土，植被茂盛，生长灌木及草本植物。岛上有简易看海小屋，屋旁种有蔬菜，住有海水养殖临时看护人员，水从乌蟒岛运送，电由电瓶供给。

矮坨子岛 (Ǎituózi Dǎo)

北纬39°16.2′、东经123°00.5′。位于黄海北部大连市长海县小长山乡海域，距乌蟒岛最近点1.1千米。位于低坨子东北侧，有水道与低坨子隔开，海拔很低（矮），故名。岛体呈西北—东南走向，岸线长80米，面积418平方米，最高点高程6米。基岩岛，四周岩壁陡峭，岩石崎岖似刀，无土壤和植被。周边海域为底播增养殖区。

低坨子 (Dī Tuózi)

北纬39°16.2′、东经123°00.5′。位于黄海北部大连市长海县小长山乡海域，距乌蟒岛最近点1.1千米。因岛体低平而得名低坨子，又名地坨子、低坨子岛。《中国海洋岛屿简况》（1980）记为地坨子，《大连海域地名志》（1989）和《中国海域地名志》（1989）记为低坨子岛，《中国海域地名图集》（1991）和《全国海岛名称与代码》（2008）记为低坨子。岛体呈西北—东南走向，岸线长 260 米，面积 4 106 平方米，最高点高程 18 米。基岩岛，四周岩壁陡峭，低潮时周边海域有裸露的岩礁。发育棕壤性土，生长稀疏的草本植物。周边海域为底播增养殖区。

乌二坨子 (Wū'èr Tuózi)

北纬 39°16.0′、东经 123°01.2′。位于黄海北部大连市长海县小长山乡海域，距乌蟒岛最近点 1 千米。位于乌大坨子附近，且较乌大坨子小，故名。《大连海域地名志》（1989）和《中国海域地名志》（1989）记为乌二坨子岛，《中国海域地名图集》（1991）和《全国海岛名称与代码》（2008）记为乌二坨子。岛体呈西北—东南走向，岸线长 393 米，面积 9 900 平方米，最高点高程 42.3 米。基岩岛，主要由片麻岩构成，四周岩壁陡峭，有孔洞，顶部较平，低潮时有裸露岩礁与乌二坨子东岛和乌二坨子西岛连接。土壤层稀薄，生长灌木及草本植物。岛顶部有一处简易看海小屋，住有海水养殖临时看护人员，水从乌蟒岛运送，电由电瓶供给。驻岛人员在山腰岩石上刻有"杏花岛"以示世外桃源之意。周边海域为浮筏养殖区和底播增养殖区。

乌二坨子东岛 (Wū'èrtuózi Dōngdǎo)

北纬 39°16.0′、东经 123°01.2′。位于黄海北部大连市长海县小长山乡海域，距乌蟒岛最近点 1.2 千米。位于乌二坨子东侧，故名。《大连海域地名志》（1989）和《中国海域地名志》（1989）记为乌二坨子岛，《中国海域地名图集》（1991）和《全国海岛名称与代码》（2008）记为乌二坨子。岛体呈长条形，东西走向，岸线长 637 米，面积 10 582 平方米，最高点高程 30 米。基岩岛，主要由片麻岩构成，四周岩壁陡峭，中部岩石崎岖，岩尖似刀，低潮时有裸露的岩礁与乌二坨子连接。该岛表层为风化层，土壤层稀薄，生长灌木及草本植物。周边海域为浮筏养殖区和底播增养殖区。

乌二坨子西岛 (Wū'èrtuózi Xīdǎo)

北纬 39°16.1′、东经 123°01.0′。位于黄海北部大连市长海县小长山乡海域，距乌蟒岛最近点 1.1 千米。位于乌二坨子西侧，故名。《大连海域地名志》（1989）

和《中国海域地名志》（1989）记为乌二坨子岛，《中国海域地名图集》（1991）和《全国海岛名称与代码》（2008）记为乌二坨子。岛体呈西北—东南走向，岸线长 387 米，面积 6 235 平方米，最高点高程 30 米。基岩岛，主要由片麻岩构成，四周岩壁陡峭，有孔洞，低潮时有裸露的岩礁与乌二坨子连接。该岛表层为风化层，土壤层稀薄，生长灌木及草本植物。周边海域为浮筏养殖区和底播增养殖区。

东草坨子 (Dōngcǎo Tuózi)

北纬 39°16.0′、东经 122°41.2′。位于黄海北部大连市长海县海域，距大长山岛最近点 200 米。因岛上野草茂密、位于大长山岛东而得名，又名草垛子、东草坨子岛。《中国海洋岛屿简况》（1980）记为草垛子，《大连海域地名志》（1989）和《中国海域地名志》（1989）记为东草坨子岛，《中国海域地名图集》（1991）和《全国海岛名称与代码》（2008）记为东草坨子。岛体呈长条形，东西走向，岸线长 354 米，面积 5 638 平方米，最高点高程 9.8 米。基岩岛，主要由石英岩构成，地势平坦，北部有沙滩，西北部低潮时有海底沙脊与大长山岛连接。土壤层较厚，生长灌木及草本植物。

美人礁 (Měirén Jiāo)

北纬 39°15.6′、东经 122°34.3′。位于黄海北部大连市长海县海域，距大长山岛最近点 10 米。因礁体挺立，似亭亭玉立的少女而得名。《大连海域地名志》（1989）、《中国海域地名志》（1989）和《中国海域地名图集》（1991）均记为美人礁。岸线长 40 米，面积 88 平方米，最高点高程 10 米。基岩岛，海蚀柱地貌，周边海域遍布礁石，低潮时与大长山岛连接。发育少量土壤，生长草本植物。周边海域为浮筏养殖区和底播增养殖区。

大银窝石 (Dàyínwō Shí)

北纬 39°15.6′、东经 122°37.1′。位于黄海北部大连市长海县海域，距大长山岛最近点 400 米。因高潮时出露的礁体如散碎银子散落海面而得名。《中国海域地名图集》（1991）标注为大银窝石。岛体呈西北—东南走向，岸线长 206 米，面积 2 022 平方米，最高点高程 5 米。基岩岛，低潮时周边海域有裸露的岩礁和砂砾滩与大长山岛连接，无土壤和植被。岛上建有人工石屋。

驼峰岛 (Tuófēng Dǎo)

北纬 39°15.5′、东经 122°34.3′。位于黄海北部大连市长海县海域，距大长山岛最近点 10 米。因岛体似卧于海中骆驼的驼峰而得名。岛体呈东北—西南走向，岸线长 86 米，面积 478 平方米，最高点高程 8 米。基岩岛，低潮时有裸露的岩礁和砂砾滩与大长山岛连接，无土壤和植被。周边海域为浮筏养殖区。

格仙岛 (Géxiān Dǎo)

北纬 39°15.5′、东经 122°26.3′。位于黄海北部大连市长海县海域，距广鹿岛最近点 5.2 千米。岛名源于神话传说，由呵仙与哈仙得名呵仙岛和哈仙岛，后呵仙岛演变为格仙岛。明《辽东志》、明《全辽志》和清《盛京通志》均记为葛藤岛；《中国海洋岛屿简况》（1980）、《辽宁省地名录》（1988）、《大连海域地名志》（1989）、《中国海域地名志》（1989）、《中国海域地名图集》（1991）和《全国海岛名称与代码》（2008）均记为格仙岛。岛体呈西北—东南走向，岸线长 9.15 千米，面积 1.237 平方千米，最高点高程 68.1 米。基岩岛，主要由石英岩和板岩构成。地形东宽西窄，形似鲨鱼，地势平坦，以基岩海岸为主，多海湾少滩涂，南岸有冲积沙带，西南有礁脉向海延伸。该岛为棕壤土，土壤层较厚，植被茂盛，乔木以针叶林、落叶阔叶林为主。

该岛为村级有居民海岛，2011 年户籍人口 818 人，常住人口 768 人，水靠岛上淡水供给，电从广鹿岛引入。陆岛交通有格仙港，岛内交通有水泥路。岛上建有商店、幼儿园、卫生所、民居、液化气暂储库房、灯塔等公共设施，有海滨浴场、垂钓区、渔家乐宾馆等旅游设施。

格大坨子 (Gédà Tuózi)

北纬 39°15.4′、东经 122°27.2′。位于黄海北部大连市长海县广鹿乡海域，距格仙岛最近点 200 米。因岛体大且靠近格仙岛而得名。《中国海洋岛屿简况》（1980）记为大坨子岛，《中国海域地名图集》（1991）和《全国海岛名称与代码》（2008）记为格大坨子，《大连海域地名志》（1989）和《中国海域地名志》（1989）记为格大坨子岛。岛近圆形，南北走向，岸线长 513 米，面积 16 089 平方米，最高点高程 36.7 米。基岩岛，主要由片麻岩、片岩、花岗岩构成，地势南高北低，四周岩壁陡峭，低潮时有裸露的海底沙坝与头坨子和格仙岛连接。土壤层较厚，植被茂盛，乔木以针叶林为主。

头坨子 (Tóu Tuózi)

北纬 39°15.4′、东经 122°27.3′。位于黄海北部大连市长海县广鹿乡海域，距格仙岛最近点 300 米。因位于格仙岛东头而得名。《中国海洋岛屿简况》（1980）记为小坨子，《中国海域地名图集》（1991）和《全国海岛名称与代码》（2008）记为头坨子，《大连海域地名志》（1989）和《中国海域地名志》（1989）记为头坨子岛。岛体呈东西走向，岸线长 436 米，面积 8 576 平方米，最高点高程 38.2 米。基岩岛，主要由片麻岩和石英岩构成，四周岩壁陡峭，顶部平坦，低潮时有裸露的沙坝与格大坨子和格仙岛连接。它是格仙水道和瓜皮水道船舶航行的重要标志。岛上土壤层稀薄，主要生长草本植物，灌木较少。周边海域为底播增养殖区。

大旱坨子 (Dàhàn Tuózi)

北纬 39°15.3′、东经 122°34.4′。位于黄海北部大连市长海县海域，距大长山岛最近点 30 米。因岛体大，低潮时干出与旱沙岗连接而得名，又名干岛。《大连海域地名志》（1989）和《中国海域地名志》（1989）记为大旱坨子岛，《中国海域地名图集》（1991）记为干岛，《全国海岛名称与代码》（2008）记为大旱坨子。清光绪三十年（1904 年）日俄战争爆发后，日军曾在此设立宿营地和前线指挥部。岛体呈东北—西南走向，岸线长 485 米，面积 5 560 平方米，最高点高程 21.2 米。基岩岛，主要由石英岩构成，海蚀地貌发育，低潮时有裸露的岩礁和砂砾滩与大长山岛连接。海岛顶部土壤层较厚，生长乔木、灌木和草本植物。岛由人工堤坝与大长山岛相连，岛上有简易看海小屋，住有海水养殖临时看护人员，水电从大长山岛引入。

乌蟒岛 (Wūmǎng Dǎo)

北纬 39°15.3′、东经 122°59.7′。位于黄海北部大连市长海县海域，距小长山岛最近点 20.27 千米。以岛上发现黑色大蟒的传说而得名，俗称雾朦岛、龟岛。

明《辽东志》、明《全辽志》和清《盛京通志》记为吴忙岛，清末始称乌蟒岛。《中国海洋岛屿简况》（1980）、《辽宁省地名录》（1988）、《大连海域地名志》（1989）、《中国海域地名志》（1989）、《中国海域地名图集》（1991）和《全国海岛名称与代码》（2008）均记为乌蟒岛。岛体呈东北—西南走向，岸线长8.29千米，面积1.683平方千米，最高点高程212米。基岩岛，主要由石英岩构成，峭立险峻，四周倾斜入海，岩礁遍及，无海湾滩涂，以基岩岸为主。地表为风化层，发育棕壤土，土壤层较厚，植被覆盖率较高，乔木以花曲柳林、刺槐林为主。

该岛为村级有居民海岛，2011年户籍人口510人，常住人口362人，水主要靠地下井水和雨水收集供给，电由海底电缆从大陆引入。陆岛交通有乌蟒岛港，岛内交通有环岛公路。岛上建有村委会、村卫生所、幼儿园、航标灯塔等公共设施，有水产品养殖和水产品加工等渔业设施，周边海域为浮筏养殖区。

大万年船 (Dàwànniánchuán)

北纬39°15.2′、东经122°34.6′。位于黄海北部大连市长海县海域，距大长山岛最近点100米。该岛外形酷似扬帆的大帆船，故名。《大连海域地名志》（1989）和《中国海域地名志》（1989）记为大万年船礁，《中国海域地名图集》（1991）标注为大万年船。岛体呈东北—西南走向，岸线长74米，面积375平方米，最高点高程20米。基岩岛，由石英岩构成，四周岩壁陡峭，为海蚀残丘，岛顶平坦，低潮时有裸露的岩礁和砂砾滩与小万年船和大长山岛连接。海岛顶部有少量土壤，生长草本植物。周边海域为浮筏养殖区和底播增养殖区。

小万年船 (Xiǎowànniánchuán)

北纬39°15.2′、东经122°34.6′。位于黄海北部大连市长海县海域，距大长山岛最近点40米。岛形似鼓帆远航的渔船，相对大万年船较小，故名。《中国海域地名图集》（1991）标注为小万年船。岸线长22米，面积32平方米，最高点高程7米。基岩岛，四周岩壁陡峭，低潮时有裸露的岩礁和砂砾滩与大万年船和大长山岛连接，无土壤和植被。

英大坨子 (Yīngdà Tuózi)

北纬39°15.1′、东经122°43.9′。位于黄海北部大连市长海县海域，距小长山岛最近点 600 米。因岛体大且靠近小长山岛英杰村而得名。当地俗称大坨子。
《中国海洋岛屿简况》（1980）、《中国海域地名图集》（1991）和《全国海岛名称与代码》（2008）记为英大坨子，《大连海域地名志》（1989）和《中国海域地名志》（1989）记为英大坨子岛。岛体呈不规则形状，岸线长 855 米，面积 25 856 平方米，最高点高程 39.4 米。基岩岛，主要由片麻岩构成，东部较宽、西部狭窄，低潮时西部有岩礁和海底沙脊与英三坨子连接。发育棕壤性土，植被茂盛，主要生长灌木及草本植物。岛上有海水养殖场、小型渔港、灯塔、登岛台阶等基础设施，住有渔业生产临时人员，周边海域为浮筏养殖区和底播增养殖区。

英二坨子 (Yīng'èr Tuózi)

北纬 39°14.9′、东经 122°43.6′。位于黄海北部大连市长海县海域，距小长山岛最近点 200 米。因该岛比邻近的英大坨子小而得名。《中国海洋岛屿简况》（1980）记为二坨子，《大连海域地名志》（1989）和《中国海域地名志》（1989）记为英二坨子岛，《中国海域地名图集》（1991）和《全国海岛名称与代码》（2008）记为英二坨子。岛体呈东北—西南走向，岸线长 458 米，面积 10 307 平方米，最高点高程 29.1 米。基岩岛，主要由片麻岩构成，地势南高北缓，两侧倾斜，四周岩壁陡峭，低潮时有砂砾带与小长山岛和英三坨子连接。岛上发育棕壤性土，植被稀疏，主要生长灌木及草本植物。岛顶部建有一处简易养殖用海看护房，住有海水养殖临时看护人员，周边海域为浮筏养殖区和底播增养殖区。

英三坨子 (Yīngsān Tuózi)

北纬 39°15.1′、东经 122°43.7′。位于黄海北部大连市长海县海域，距小长山岛最近点 700 米。因该岛比邻近的英二坨子小而得名。《中国海洋岛屿简况》（1980）记为三坨子，《大连海域地名志》（1989）和《中国海域地名志》（1989）记为英三坨子岛，《中国海域地名图集》（1991）和《全国海岛名称与代码》（2008）记为英三坨子。岛体呈南北走向，岸线长 156 米，面积 1 777 平方米，最高点高程 20 米。基岩岛，主要由片麻岩构成，四周岩壁陡峭，低潮时有裸露的砂砾滩北与英大坨子、南与英二坨子连接。海岛顶部发育棕壤性土，生长灌木及草本植物。岛上有残存的围海养殖工程。

尖坨子 (Jiān Tuózi)

北纬 39°15.0′、东经 122°59.6′。位于黄海北部大连市长海县小长山乡海域，距乌蟒岛最近点 10 米。因岛体较尖而得名。《大连海域地名志》（1989）记为尖坨子岛，《中国海域地名图集》（1991）标注为尖坨子。岛近圆形，岸线长 168 米，面积 2 051 平方米，最高点高程 16 米。基岩岛，由片麻岩构成，四周岩壁陡峭，低潮时有裸露的岩礁与乌蟒岛连接。岛上土壤层稀薄，生长草本植物。

羊坨子 (Yáng Tuózi)

北纬 39°14.9′、东经 122°59.9′。位于黄海北部大连市长海县小长山乡海域，距乌蟒岛最近点 30 米。因曾有人在岛上牧羊而得名。《大连海域地名志》（1989）记载为羊坨子岛，《中国海域地名图集》（1991）标注为羊坨子。岛近圆形，呈东北—西南走向，岸线长 202 米，面积 2 614 平方米，最高点高程 16.7 米。基岩岛，主要由片麻岩和石英岩构成，低潮时有裸露的岩礁与乌蟒岛连接，地表土壤层稀薄，生长草本植物。岛上有一处简易养殖用海看护房，住有海水养殖临时看护人员，水从乌蟒岛运送，电靠电瓶供给，周边海域为底播增养殖区。

东钟楼 (Dōngzhōnglóu)

北纬 39°14.7′、东经 122°31.1′。位于黄海北部大连市长海县大长山岛镇海域，距哈仙岛最近点 1 千米。因岛形似大钟，与西钟楼相对，故名。当地俗称东楼。《中国海洋岛屿简况》（1980）和《中国海域地名图集》（1991）记为东钟楼，《大连海域地名志》（1989）、《中国海域地名志》（1989）和《全国海岛名称与代码》（2008）记为东钟楼岛。岛近南北走向，岸线长 608 米，面积 16 610 平方米，最高点高程 39.9 米。基岩岛，主要由片麻岩和石英岩构成，四周岩壁陡峭，顶部较为平坦，低潮时南端有岩礁和砂砾岗带与哈仙岛连接。发育土壤层，生长灌木及草本植物。岛上有砖砌看海小屋，住有海水养殖临时看护人员，周边海域为浮筏养殖区和底播增养殖区。

西钟楼 (Xīzhōnglóu)

北纬 39°14.9′、东经 122°29.5′。位于黄海北部大连市长海县大长山岛镇海域，距哈仙岛最近点 1.3 千米。因岛形似大钟，与东钟楼相对，故名。《中国海洋岛屿简况》（1980）和《中国海域地名图集》（1991）记为西钟楼，《大连海域地名志》（1989）、《中国海域地名志》（1989）和《全国海岛名称与代码》（2008）记载为西钟楼岛。岛体呈东北—西南走向，岸线长 810 米，面积 36 939 平方米，最高点高程 65.9 米。基岩岛，主要由片麻岩和石英岩构成，四周岩壁陡峭。海岛顶部土壤层稀薄，主要生长草本植物和少量黑松树。岛东侧有人工堤坝。西侧岛体上建有一处简易看海小屋，住有海水养殖临时看护人员，水电从哈仙岛引入。周边海域为浮筏养殖区和底播增养殖区。

灰坨子 (Huī Tuózi)

北纬 39°14.8′、东经 122°46.2′。位于黄海北部大连市长海县海域，距小长山岛最近点 2.4 千米。因岛体呈灰暗色而得名。《中国海洋岛屿简况》（1980）、《中国海域地名图集》（1991）和《全国海岛名称与代码》（2008）记为灰坨子，《大连海域地名志》（1989）和《中国海域地名志》（1989）记为灰坨子岛。岛近椭圆形，呈西北—东南走向，岸线长 592 米，面积 17 757 平方米，最高点高程 41.2 米。基岩岛，主要由片麻岩构成，四周岩壁陡峭，低潮时周边海域有裸露的岩礁和砂砾石。发育稀薄的棕壤性土，主要生长草本植物。岛上有临时搭建的活动板房，南侧有护岸和简易码头，西侧有登岛阶梯可达岛顶，住有渔业生产、海岸工程建设临时人员，水电由小长山岛引入。周边海域为浮筏养殖区和底播增养殖区。

黄礁岛 (Huángjiāo Dǎo)

北纬 39°14.8′、东经 122°43.6′。位于黄海北部大连市长海县海域，距小长山岛最近点 30 米。岛体呈黄色而得名。岸线长 27 米，面积 40 平方米，最高点高程 4 米。基岩岛，低潮时有裸露的砂砾滩与小长山岛连接，无土壤和植被。

小狮子石 (Xiǎoshīzi Shí)

北纬 39°14.7′、东经 122°42.9′。位于黄海北部、大连市长海县海域，距小长山岛最近点 50 米。岛形似狮子，属小长山岛，故名。《大连海域地名志》（1989）和《中国海域地名志》（1989）记为小狮子石礁，《中国海域地名图集》（1991）

标注为小狮子石。岛体呈东北—西南走向，岸线长 110 米，面积 820 平方米，最高点高程 8 米。基岩岛，低潮时有裸露的岩礁和海底沙脊与小长山岛连接，无土壤和植被。

小水坨子 (Xiǎoshuǐ Tuózi)

北纬 39°14.4′、东经 122°38.0′。位于黄海北部大连市长海县海域，距小长山岛最近点 40 米。因岛体小，形似测水深的砣而得名。《大连海域地名志》（1989）和《中国海域地名志》（1989）记为小水坨子岛，《中国海域地名图集》（1991）和《全国海岛名称与代码》（2008）记为小水坨子。岛近圆形，岸线长 102 米，面积 734 平方米，最高点高程 10 米。基岩岛，主要由石英岩构成，四周岩壁陡峭，岛顶平坦，低潮时有裸露的砂砾滩与小长山岛连接。土壤层稀薄，生长灌木及草本植物。岛东北、西南由围海养殖堤坝与小长山岛连接，东侧为围海养殖区。

西绵石 (Xīmián Shí)

北纬 39°14.4′、东经 122°29.5′。位于黄海北部大连市长海县大长山岛镇海域，距哈仙岛最近点 300 米。因岛形似绵羊，故名。《大连海域地名志》（1989）和《中国海域地名志》（1989）记为西绵石礁，《中国海域地名图集》（1991）标注为西绵石。岛近东西走向，岸线长 50 米，面积 100 平方米，最高点高程 5 米。基岩岛，由 3 块巨石组成，低潮时周边海域有裸露的岩礁，无土壤和植被。周边海域为浮筏养殖区和底播增养殖区。

豆腐坨子 (Dòufu Tuózi)

北纬 39°14.3′、东经 122°21.8′。位于黄海北部大连市长海县海域，距广鹿岛最近点 3.1 千米。岩体发白，略呈方块，因形如叠放的豆腐块，故名。《大连海域地名志》（1989）和《中国海域地名志》（1989）记为豆腐坨子岛，《中国海域地名图集》（1991）标注为豆腐坨子。岛近长方形，呈东北—西南走向，岸线长 193 米，面积 2 535 平方米，最高点高程 20 米。基岩岛，主要由片麻岩构成，北侧和东侧岩壁陡峭，南侧有沙岗入海。海岛平缓处筑有鸟巢，是海鸥栖息之地，因海鸥较多，其排泄物覆盖在岩壁，使得崖壁呈白色，远看形似豆腐。海岛顶部有薄层土壤，生长灌木及草本植物。

大元宝坨子 (Dàyuánbǎo Tuózi)

北纬 39°14.1′、东经 122°21.3′。位于黄海北部大连市长海县海域，距广鹿岛最近点 3 千米。海岛两端翘，中间凹，因形似元宝得名元宝坨子。又因重名，1983 年改名为小元宝坨子岛。《中国海洋岛屿简况》（1980）记为元宝坨子，《大连海域地名志》（1989）和《中国海域地名志》（1989）均记为小元宝坨子岛，《全国海岛名称与代码》（2008）记为小元宝坨子。因省内重名，长海县政府把邻近的扁坨子和小元宝坨子岛一起更名，由于小元宝坨子岛大于扁坨子，2013 年本岛更名为大元宝坨子，扁坨子更名为小元宝坨子。岛体呈南北走向，岸线长 325 米，面积 5 006 平方米，最高点高程 10 米。基岩岛，主要由片麻岩和石英岩构成，以基岩海岸为主，发育有沙滩，低潮时周边海域有裸露的岩礁和砂砾滩，北部有 30 多米长海底沙脊向海延伸与小元宝坨子连接。土壤层较厚，植被茂密，以野生韭菜等草本植物为主。岛上有两处砖砌看海房屋，住有海水养殖临时看海人员，水由广鹿岛运送，电靠小型风电供给，周边海域为底播增养殖区。

小元宝坨子 (Xiǎoyuánbǎo Tuózi)

北纬 39°14.1′、东经 122°21.3′。位于黄海北部大连市长海县海域，距广鹿岛最近点 3.2 千米。因岛体扁平得名扁坨子岛。《大连海域地名志》（1989）记为扁坨子岛，《中国海域地名图集》（1991）记为扁坨子。2013 年长海县政府把扁坨子和邻近的小元宝坨子岛一起更名，本岛更名为小元宝坨子，小元宝坨子岛更名为大元宝坨子。岛近南北走向，岸线长 204 米，面积 2 834 平方米，最高点高程 15.4 米。基岩岛，主要由片麻岩和石英岩构成，四周岩壁陡峭，顶部平坦，低潮时周边海域有裸露的岩礁和海底沙脊。海岛的顶部土壤层较厚，植被茂盛，主要生长草本植物。岛上有小海神庙和废弃房屋。

银蟾岛 (Yínchán Dǎo)

北纬 39°14.1′、东经 122°32.6′。位于黄海北部大连市长海县大长山岛镇沙尖嘴码头近岸海域，距哈仙岛最近点 30 米。因形似蛤蟆，对应金蟾岛，故名。岛体呈不规则形状，岸线长 323 米，面积 4 572 平方米，最高点高程 5 米。基岩岛，岩缝中有少量土壤，顶部生长草本植物。海岛岩壁上镌刻有"哈仙岛"和众多海洋生物浮雕，是登岛游客驻足观望的人文景观。

大尖坨子 (Dàjiān Tuózi)

北纬 39°14.1′、东经 122°37.4′。位于黄海北部大连市长海县海域，距小长山岛最近点 50 米。因体大顶尖呈锐角而得名。《大连海域地名志》（1989）记为大尖坨子礁，《中国海域地名图集》（1991）标注为大尖坨子。岛体呈西北—东南走向，岸线长 70 米，面积 368 平方米，最高点高程 6 米。基岩岛，由石英岩构成，低潮时有裸露的岩礁和砂砾滩与小长山岛连接。无土壤和植被。

砂珠坨子 (Shāzhū Tuózi)

北纬 39°14.0′、东经 122°45.3′。位于黄海北部大连市长海县海域，距小长山岛最近点 300 米。因海岸砂粒如珠而得名，又名沙珠坨子。《大连海域地名志》（1989）和《中国海域地名志》（1989）记为砂珠坨子岛，《中国海域地名图集》（1991）和《全国海岛名称与代码》（2008）记为砂珠坨子。岛近梯形，岸线长 2.32 千米，面积 0.235 3 平方千米，最高点高程 60.1 米。基岩岛，主要由片麻岩构成，地势东北较高、偏西南较缓，西南低凹狭窄处有偏坡台，海岸以基岩为主。该岛表层为风化层，有片岩类棕壤性土，植被覆盖良好，主要生长草本植物，乔木和灌木较少。2011 年岛上户籍人口 11 人，常住人口 22 人，水靠岛上淡水资源供给，电从小长山岛引入。陆岛交通以渔业码头为主，民居分布在海岛西南低凹偏坡台上，周边海域为浮筏养殖区和底播养殖区。海岛经济以渔业和旅游业为主。

长礁 (Cháng Jiāo)

北纬 39°14.0′、东经 122°26.5′。位于黄海北部大连市长海县广鹿乡海域，距瓜皮岛最近点 100 米。因礁体细长而得名。《中国海域地名图集》（1991）标注为长礁。岛体呈东西走向，岸线长 192 米，面积 1 952 平方米，最高点高程 4 米。基岩岛，低潮时有裸露的岩礁和砂砾滩与瓜皮岛连接，地表生长苔藓类植被。

小蛤蟆礁 (Xiǎohámá Jiāo)

北纬 39°13.7′、东经 122°37.4′。位于黄海北部大连市长海县海域，距小长

山岛最近点 200 米。因礁体较小、形似蛤蟆而得名。《大连海域地名志》（1989）、
《中国海域地名志》（1989）和《中国海域地名图集》（1991）记为小蛤蟆礁。
岛体呈东北—西南走向，岸线长 124 米，面积 817 平方米，最高点高程 4 米。
基岩岛，由石英岩构成，地势低平，低潮时周边海域有岩礁裸露，涨潮时水流湍急，
因地处塞里水道东侧，南北过往船舶均避让航行。无土壤和植被。

哈仙岛 （Hāxiān Dǎo）

北纬 39°13.7′、东经 122°30.8′。位于黄海北部大连市长海县海域，距大长
山岛最近点 3.6 千米。岛名源于神话传说，昔日有"哈仙"显灵保佑渔民而得名。
明《辽东志》和明《全辽志》记为哈店岛；《中国海洋岛屿简况》（1980）、《辽
宁省地名录》（1988）、《大连海域地名志》（1989）、《中国海域地名志》（1989）、
《中国海域地名图集》（1991）和《全国海岛名称与代码》（2008）均记为哈仙
岛。岛体呈东西走向，岸线长 12.71 千米，面积 4.715 9 平方千米，最高点高程
101.9 米。基岩岛，主要由片麻岩构成，东西长南北窄，地势东西两端高而陡峭、
中间低而平坦，有沙滩。发育棕壤性土，有淡水资源，植被繁茂，生长常绿针
叶林、落叶阔叶林、落叶灌丛及草本植物。

该岛为村级有居民海岛，2011 年户籍人口 927 人，常住人口 1 018 人，水
靠岛上淡水资源供给，电从大长山岛引入。陆岛交通有客运码头和渔业码头，
岛内交通有混凝土环岛公路，民居主要分布在海岛北侧。岛上建有商店、幼儿园、
小学、卫生所、渔家乐旅店、通信发射塔、航标灯桩、海珍品养殖公司、野生
海参基地等基础设施和渔业设施，有海水浴场、垂钓区、五虎石、神仙洞等自
然景观，周边海域为浮筏养殖区和底播增养殖区。

猴儿石 （Hóur Shí）

北纬 39°13.7′、东经 122°46.0′。位于黄海北部大连市长海县海域，距小长
山岛最近点 10 米。因岛体似猴子而得名。《中国海域地名图集》（1991）标注
为猴儿石。岛体呈不规则形状，岸线长 17 米，面积 18 平方米，最高点高程 8 米。
基岩岛，四周岩壁陡峭，顶部岩缝中有少量土壤，生长草本植物。

小坨子 (Xiǎo Tuózi)

北纬 39°13.7′、东经 122°38.7′。位于黄海北部大连市长海县海域，距小长山岛最近点 200 米。因岛体相对较小而得名。《大连海域地名志》（1989）和《中国海域地名志》（1989）记为小坨子岛，《中国海域地名图集》（1991）和《全国海岛名称与代码》（2008）记为小坨子。岛体呈不规则形状，岸线长 269 米，面积 4 685 平方米，最高点高程 13 米。基岩岛，低潮时周边海域有裸露的岩礁，西北有岩礁和海底沙脊与小长山岛连接。岛上的土壤层稀薄，生长灌木及草本植物。

核大坨子 (Hédà Tuózi)

北纬 39°13.6′、东经 122°45.5′。位于黄海北部大连市长海县海域，距小长山岛最近点 800 米。该岛体大，靠近小长山乡核桃村，且大于核二坨子，故名。《中国海洋岛屿简况》（1980）记为大坨子，《大连海域地名志》（1989）和《中国海域地名志》（1989）记为核大坨子岛，《中国海域地名图集》（1991）、《全国海岛名称与代码》（2008）记为核大坨子。岛近圆形，岸线长 1.44 千米，面积 0.120 6 平方千米，最高点高程 63.6 米。基岩岛，主要由片麻岩构成，南、东、西岸陡峭，北面较缓，中间凹陷。该岛表层为风化层，有土壤，淡水资源丰富，植被茂盛，主要生长乔木和草本植物，乔木以人工松柏林为主。周边海域为长海县核大坨子岛海珍品自然保护区，岛上建有保护区管理站办公楼等基础设施，以及休闲亭、人工登岛通道，住有保护区管理人员和临时观光人员，水电从小长山岛引入。陆岛交通有简易码头。

核二坨子 (Hé'èr Tuózi)

北纬 39°13.5′、东经 122°44.8′。位于黄海北部大连市长海县海域，周边有砂珠坨子、核大坨子、核三坨子等海岛，距大陆最近距离 30.52 千米，距小长山岛最近距离 0.3 千米。因靠近小长山乡核桃村，小于核大坨子，故名。1983年改名核二坨子岛。《中国海洋岛屿简况》（1980）记为二坨子，《大连海域地名志》（1989）和《中国海域地名志》（1989）记为核二坨子岛，《中国海域地名图集》（1991）和《全国海岛名称与代码》（2008）记为核二坨子。岛近长方形，呈东北—西南走向，岸线长 1.02 千米，面积 0.055 9 平方千米，最高点高程 50.5 米。基岩岛，主要由片麻岩构成，地势中间高、较平，四周坡缓，为基岩海岸，低潮时周边海域有岩礁裸露。该岛表层为风化层，有土壤，乔木主要分布在顶部平坦处。岛上有简易活动板房、休闲设施和简易码头，住有海水养殖临时看护人员，水从小长山岛运送，电靠小型风电供给，周边海域为浮筏养殖区和底播增养殖区。

核三坨子 (Hésān Tuózi)

北纬 39°13.4′、东经 122°44.4′。位于黄海北部大连市长海县海域，距小长山岛最近点 300 米。该岛靠近小长山乡核桃村，加序数得名。《中国海洋岛屿简况》（1980）记为三坨子，《大连海域地名志》（1989）和《中国海域地名志》（1989）记为核三坨子岛，《中国海域地名图集》（1991）和《全国海岛名称与代码》（2008）记为核三坨子。岛体呈东北—西南走向，岸线长 1.3 千米，面积 0.073 6 平方千米，最高点高程 65.5 米。基岩岛，主要由片麻岩构成，东北较宽、西南尖窄，地势中间高、四周坡缓，海岸陡峭，北部和西南部发育砂砾滩。该岛表层为风化层，有土壤，乔木分布在顶部。岛北侧有残留房屋，周边海域为浮筏养殖区和底播增养殖区。

瓜皮岛 (Guāpí Dǎo)

北纬 39°13.6′、东经 122°25.6′。位于黄海北部大连市长海县海域，距广鹿岛最近点 1.3 千米。因岛体椭圆如瓜状而得名。传说八仙过海时，不知是谁将吃完的西瓜皮扔下，时间一长就变成了瓜皮岛。明《辽东志》、明《全辽志》和清《盛京通志》记为刮皮岛；《中国海洋岛屿简况》（1980）、《辽宁省地名录》（1988）、《大连海域地名志》（1989）、《中国海域地名志》（1989）、《中国海域地名图集》（1991）和《全国海岛名称与代码》（2008）均记为瓜皮岛。《大连掌故》（2009）记：长海各岛之名始于明末，一个水手对另一个想上岛吃西瓜的水手说："上去吃瓜皮吧！"于是叫它瓜皮岛。岛体呈不规则形状，岸线长 8.62 千米，面积 2.004 平方千米，最高点高程 82 米。基岩岛，主要由片麻岩和板岩构成，东西长，南北宽，地势平缓，沿岸多海湾、海涂分布，有沙滩，低潮时有海底沙脊与广鹿岛的多落母连接。该岛表层为风化层，有棕壤土，植被覆盖良好，主要生长乔木、灌木，草本植物较少。

该岛为村级有居民海岛，岛上有 10 个自然屯，2011 年户籍人口 757 人，常住人口 801 人，水靠岛上淡水和收集雨水供给，电由海底电缆从广鹿岛引入。陆岛交通有瓜皮岛港，岛内交通有环岛公路。岛上建有民居、办公楼、学校、商店、卫生所、移动通信基站等基础设施。自然风光秀美，旅游资源丰富，有东海浴场、西海浴场、垂钓区、度假村等旅游设施。海岛经济以渔业和旅游业为主。

大北江 (Dàběi Jiāng)

北纬 39°13.6′、东经 122°48.4′。位于黄海北部大连市长海县小长山乡海域。《中国海域地名图集》（1991）标注为大北江。基岩岛，岛体呈不规则形状，岸线长 77 米，面积 235 平方米，最高点高程 4 米。无土壤和植被。

东老旱江 (Dōnglǎohàn Jiāng)

北纬 39°13.4′、东经 122°29.9′。位于黄海北部大连市长海县大长山岛镇海域，距哈仙岛最近点 10 米。因有旱道低潮时干出，与西老旱江相对，故名。《大连海域地名志》（1989）和《中国海域地名志》（1989）记为东老旱江岛，《中国海域地名图集》（1991）标注为东老旱江。岛体呈西北—东南走向，岸线长 299 米，面积 2 090 平方米，最高点高程 27 米。基岩岛，由片麻岩构成，北部斜坡，南部凹陷，低潮时有裸露的岩礁和海底沙脊与哈仙岛连接，高潮时与哈仙岛间呈狭窄水道，可通驶小型船只。海岛岩缝中有少量土壤，生长草本植物。

西老旱江 (Xīlǎohàn Jiāng)

北纬 39°13.6′、东经 122°29.8′。位于黄海北部大连市长海县大长山岛镇海域，距哈仙岛最近点 30 米。因有旱道低潮时干出，与东老旱江相对，故名。《大连海域地名志》（1989）和《中国海域地名志》（1989）记为西老旱江岛，又名趴趴坨子；《中国海域地名图集》（1991）标注为西老旱江。岛近圆形，岸线长 199 米，面积 1 410 平方米，最高点高程 10 米。基岩岛，主要由片麻岩构成，北部呈斜坡状，南部凹陷，低潮时有裸露的岩礁和海底沙脊与哈仙岛连接。土壤层稀薄，生长草本植物。岛上有水泥墙面简易小房，住有海水养殖临时看护人员，用水靠人工运送，电从哈仙岛引入。

旱坨子 (Hàn Tuózi)

北纬 39°13.6′、东经 122°40.2′。位于黄海北部大连市长海县海域，距小长山岛最近点 100 米。因低潮时与小长山岛之间有旱道相通而得名。《大连海域地名志》（1989）和《中国海域地名志》（1989）记为旱坨子岛，《中国海域地名图集》（1991）和《全国海岛名称与代码》（2008）记为旱坨子。岛近椭圆形，南北走向，岸线长 155 米，面积 1 598 平方米，最高点高程 11.1 米。基岩岛，主要由石英岩构成，低潮时周边有裸露的岩礁和砂砾滩与小长山岛连接。该岛表层为风化层，顶部有土壤，生长草本植物。

小长山岛 (Xiǎochángshān Dǎo)

北纬 39°13.5′、东经 122°43.1′。位于黄海北部大连市长海县海域，距大陆最近点 25.46 千米。因岛长多山、小于大长山岛而得名。明《辽东志》、明《全辽志》和清《盛京通志》记为小长山岛；《辽宁省地名录》（1988）、《大连海域地名志》（1989）、《中国海域地名志》（1989）、《中国海域地名图集》（1991）和《全国海岛名称与代码》（2008）均记载为小长山岛。岛形似鱼钩，呈东西走向，岸线长 46.38 千米，面积 17.168 1 平方千米，最高点高程 148.7 米。基岩岛，主要由石英岩构成，东部较宽，西部狭长，海岸回环曲折，大小港湾众多，北部和南部岸边多泥沙滩，东西沿岸岩石陡峭多礁石，海岛山势陡峻，丘陵绵延起伏，沟壑纵横，东西较高，中部低洼，海岸类型丰富。该岛表层为风化层，发育棕壤性土，植被覆盖良好，乔木以黑松林、黑松麻栎林、刺槐林为主。

该岛为乡级有居民海岛，有 6 个行政村、78 个自然村屯，2011 年户籍人口 12 746 人，常住人口 18 951 人。淡水资源丰富，以方塘、水库储水为主，总库容量 119 030 立方米，电从大陆引入。陆岛交通有客运码头和渔用码头，岛内交通有环岛公路。岛上建有商店、学校、银行、医院、酒店、宾馆、污水处理厂、通信发射塔等基础设施。岛上有龙王宫、老县府旧址、潜艇坑道、陨石带、明珠双坨、旧石器贝丘遗址等自然和人文景观。海岛经济以渔业和旅游业为主。

牛石江 (Niúshí Jiāng)

北纬 39°13.5′、东经 122°25.2′。位于黄海北部大连市长海县广鹿乡海域，距瓜皮岛最近点 60 米。因岛体形似牛首而得名。岸线长 68 米，面积 304 平方米，最高点高程 5 米。基岩岛，低潮时有裸露岩礁与后牛石岛、瓜皮岛连接，无土壤和植被。

后牛石岛 (Hòuniúshí Dǎo)

北纬 39°13.5′、东经 122°25.3′。位于黄海北部大连市长海县广鹿乡海域，距瓜皮岛最近点 30 米。因位于牛石江后侧，故名。岸线长 68 米，面积 348 平方米，最高点高程 4 米。基岩岛，低潮时有裸露的岩礁和砂砾滩与瓜皮岛、牛石江连接，无土壤和植被。

双伴礁 (Shuāngbàn Jiāo)

北纬 39°13.5′、东经 122°42.0′。位于黄海北部大连市长海县海域，距小长山岛最近点 20 米。由两块形态相似、互为相伴的礁石组成而得名。《中国海域地名图集》（1991）标注为小双伴礁。由两个岛体组成，岸线长 31 米，面积 60 平方米，最高点高程 1 米。基岩岛，低潮时有裸露的岩礁和砂砾滩与小长山岛连接，无土壤和植被。

南天门大江 (Nántiānmén Dàjiāng)

北纬 39°13.4′、东经 122°30.8′。位于黄海北部大连市长海县大长山岛镇海域，距哈仙岛最近点 10 米。因位于南天门近海，体又大而得名。《中国海域地名图集》（1991）标注为南天门大江。岛体呈东北—西南走向，岸线长 52 米，面积 201 平方米，最高点高程 3 米。基岩岛，由片麻岩构成，无土壤和植被。

谷家坨子 (Gǔjiā Tuózi)

北纬 39°13.4′、东经 122°30.7′。位于黄海北部大连市长海县大长山岛镇海域，距哈仙岛最近点 20 米。因位于谷家屯附近而得名。《中国海域地名图集》（1991）标注为谷家坨子。岛体呈东北—西南走向，岸线长 78 米，面积 434 平方米，最高点高程 15 米。基岩岛，岛体由基岩构成，无土壤和植被。

炉子台 (Lúzitái)

北纬39°13.3′、东经122°36.3′。位于黄海北部大连市长海县大长山岛镇海域，距塞里岛最近点40米。因岛顶平坦似炉台而得名。《大连海域地名志》（1989）和《中国海域地名志》（1989）记为炉子台礁，《中国海域地名图集》（1991）标注为炉子台。岛体呈东西走向，岸线长148米，面积845平方米，最高点高程4米。基岩岛，由片麻岩构成，顶部较为平坦，低潮时有裸露的岩礁和砂砾滩与塞里岛连接，无土壤和植被。

小红礁 (Xiǎohóng Jiāo)

北纬39°13.3′、东经122°30.6′。位于黄海北部大连市长海县大长山岛镇海域，距哈仙岛最近点200米。因岛体小呈红褐色而得名。《大连海域地名志》（1989）、《中国海域地名志》（1989）和《中国海域地名图集》（1991）均记为小红礁。岛体呈不规则形状，岸线长230米，面积2 570平方米，最高点高程5米。基岩岛，由片麻岩构成，低潮时周边有裸露的岩礁，无土壤和植被。

小草坨子 (Xiǎocǎo Tuózi)

北纬39°13.3′、东经122°26.6′。位于黄海北部大连市长海县广鹿乡海域，距瓜皮岛最近点400米。因岛上野草茂密、与大草坨子对称而得名。《中国海洋岛屿简况》（1980）、《中国海域地名图集》（1991）和《全国海岛名称与代码》（2008）记为小草坨子，《大连海域地名志》（1989）和《中国海域地名志》（1989）记为小草坨子岛，又名小坨子岛。岛体呈长方形，东北—西南走向，岸线长726米，面积25 397平方米，最高点高程15.7米。基岩岛，由片麻岩和板岩构成，为基岩海岸，发育有砂砾滩，低潮时周边海域岩礁裸露。土壤层较厚，生长灌木及草本植物。该岛是出入瓜皮水道的重要航行标志。

塞北坨子 (Sàiběi Tuózi)

北纬39°13.3′、东经122°35.7′。位于黄海北部大连市长海县大长山岛镇海域，距塞里岛最近点80米。因位于塞里岛北部海域而得名。《中国海洋岛屿简况》（1980）记为北坨子，《大连海域地名志》（1989）和《中国海域地名志》（1989）记为塞北坨子岛，《中国海域地名图集》（1991）和《全国海岛名称与代码》（2008）

记为塞北坨子。岛体呈西北—东南走向，岸线长 748 米，面积 23 774 平方米，最高点高程 33.1 米。基岩岛，主要由片麻岩构成，四周岩壁陡峭，北宽而高，南低缓，低潮时有裸露的海底沙脊与塞里岛连接。该岛表层为风化层，土层较厚，植被茂盛，生长乔木和草本植物，乔木以黑松树为主。岛东南侧浅滩有渔船临时系泊点，海岸有人工平地。该岛周边海域为浮筏养殖区和底播增养殖区。

五虎石 (Wǔhǔ Shí)

北纬 39°13.3′、东经 122°29.7′。位于黄海北部大连市长海县大长山岛镇海域，距哈仙岛最近点 200 米。形似猛虎，为顺次排列的五座岛屿之一，面积最大，故名。《中国海洋岛屿简况》（1980）和《中国海域地名图集》（1991）记为五虎石，《大连海域地名志》（1989）和《中国海域地名志》（1989）记为五虎石岛。岛近圆形，岸线长 354 米，面积 2 580 平方米，最高点高程 30 米。基岩岛，主要由片麻岩构成，四周岩壁陡峭，低潮时周边海域有裸露的岩礁与 4 个附岛连接。发育片岩类棕壤性土，生长灌木及草本植物。岛上有用石块和水泥砌成的简易小屋，住有海水养殖临时看护人员，水电从哈仙岛引入，周边海域为浮筏养殖区和底播增养殖区。

五虎石一岛 (Wǔhǔshí Yīdǎo)

北纬 39°13.3′、东经 122°29.8′。位于黄海北部大连市长海县大长山岛镇海域，距哈仙岛最近点 10 米。该岛为形似猛虎的五座岛屿之一，由远及近，加序数得名。岛体呈不规则形状，东北—西南走向，岸线长 486 米，面积 4 364 平方米，最高点高程 30 米。基岩岛，四周岩壁陡峭，顶部平坦，低潮时周边海域有裸露的岩礁与哈仙岛连接。土壤层较薄，生长有灌木及草本植物。周边海域为浮筏养殖区和底播增养殖区。

五虎石二岛 (Wǔhǔshí Èrdǎo)

北纬 39°13.3′、东经 122°29.7′。位于黄海北部大连市长海县大长山岛镇海域，距哈仙岛最近点 20 米。该岛为形似猛虎的五座岛屿之一，由远及近，加序数得名。岛近圆形，岸线长 202 米，面积 1 801 平方米，最高点高程 30 米。基岩岛，主要由片麻岩构成，四周岩壁陡峭，地势东高西低，低潮时周边海域有裸露的岩礁和砂砾滩与五虎石、五虎石一岛连接。海岛岩缝中有少量土壤,生长草本植物。周边海域为浮筏养殖区和底播增养殖区。

五虎石三岛 (Wǔhǔshí Sāndǎo)

北纬 39°13.2′、东经 122°29.8′。位于黄海北部大连市长海县大长山岛镇海域,距哈仙岛最近点 300 米。该岛为形似猛虎的五座岛屿之一,由远及近,加序数得名。岛近东西走向,岸线长 95 米,面积 578 平方米,最高点高程 30 米。基岩岛,主要由片麻岩构成,四周岩壁陡峭,地势西高东低,低潮时周边海域有裸露的岩礁和砂砾滩与五虎石、五虎石四岛连接。海岛岩缝中有少量土壤,生长草本植物。周边海域为浮筏养殖区和底播增养殖区。

五虎石四岛 (Wǔhǔshí Sìdǎo)

北纬 39°13.2′、东经 122°29.7′。位于黄海北部大连市长海县大长山岛镇海域,距哈仙岛最近点 500 米。该岛为形似猛虎的五座岛屿之一,由远及近,加序数得名。岛近圆形,岸线长 139 米,面积 1 447 平方米,最高点高程 30 米。基岩岛,主要由片麻岩构成,四周岩壁陡峭,地势中间高四周坡陡,低潮时周边海域有裸露的岩礁和砂砾滩与五虎石、五虎石三岛连接。海岛岩缝中有少量土壤,生长草本植物。周边海域为浮筏养殖区和底播增养殖区。

核小坨子岛 (Héxiǎotuózi Dǎo)

北纬 39°13.2′、东经 122°43.7′。位于黄海北部大连市长海县海域,距小长山岛最近点 30 米。因该岛体小且邻近小长山核桃沟,故名。岛近三角形,呈东北—西南走向,岸线长 93 米,面积 614 平方米,最高点高程 8 米。基岩岛,主要由片麻岩构成,四周岩壁陡峭,顶部较尖,低潮时有裸露的岩礁和砂砾滩与小长山岛连接。土壤层稀薄,生长草本植物。

黄鱼礁 (Huángyú Jiāo)

北纬 39°13.2′、东经 122°36.4′。位于黄海北部大连市长海县大长山岛镇海域,距塞里岛最近点 100 米。因周边海域盛产黄鱼而得名。《大连海域地名志》(1989)、《中国海域地名志》(1989)和《中国海域地名图集》(1991)均记为黄鱼礁。岛体呈不规则形状,岸线长 155 米,面积 677 平方米,最高点高程 5 米。

基岩岛，主要由片麻岩和白云岩构成，有两块较大礁石突出水面，附近海域水下多岩礁、多洞穴，利于鱼类栖息和繁殖。低潮时与塞里岛连接，无土壤和植被。

狮子石 (Shīzi Shí)

北纬 39°13.1′、东经 122°46.2′。位于黄海北部大连市长海县小长山乡海域。因岛体形似狮子而得名。《大连海域地名志》（1989）和《中国海域地名志》（1989）记为狮子石礁，《中国海域地名图集》（1991）和《全国海岛名称与代码》（2008）记为狮子石。岛近椭圆形，岸线长 128 米，面积 905 平方米，最高点高程 3.6 米。基岩岛，由石英岩构成，低潮时周边海域有岩礁裸露，无土壤和植被。

刁坨子 (Diāo Tuózi)

北纬 39°13.1′、东经 122°47.8′。位于黄海北部大连市长海县小长山乡海域。因该岛地险流急，船易受阻，喻为刁坨，故名。又名银子石。《中国海洋岛屿简况》（1980）和《中国海域地名图集》（1991）记为刁坨子，《大连海域地名志》（1989）和《中国海域地名志》（1989）记为刁坨子岛。岛体呈西北—东南走向，岸线长 227 米，面积 1 712 平方米，最高点高程 26.8 米。基岩岛，主要由片麻岩构成，低潮时周边海域有岩礁裸露，地表为风化层，土壤层稀薄，生长草本植物。

大蛤蟆礁 (Dàháma Jiāo)

北纬 39°13.0′、东经 122°37.3′。位于黄海北部大连市长海县大长山岛镇海域，距塞里岛最近点 1.2 千米。因岛体大、形似蛤蟆而得名。《中国海洋岛屿简况》（1980）记为大蛤蟆礁，《大连海域地名志》（1989）和《中国海域地名志》（1989）记为大蛤蟆礁岛。岛体呈南北走向，岸线长 131 米，面积 1 158 平方米，最高点高程 9.1 米。基岩岛，主要由片麻岩构成，岛岸陡峭，无土壤和植被。岛顶部建有灯塔，是塞里水道过往船舶航行的重要标志。

南大礁 (Nándà Jiāo)

北纬 39°13.0′、东经 122°26.4′。位于黄海北部大连市长海县广鹿乡海域，距瓜皮岛最近点 800 米。礁盘分布范围较大，位于小草坨子以南，故名。当地群众俗称大礁。《大连海域地名志》（1989）记为南大礁。岛近菱形，呈东北—西南走向，岸线长度 184 米，面积 1 969 平方米，最高点高程 4.8 米。基岩岛，由片麻岩构成，低潮时四周礁盘裸露，水流湍急，礁盘间发育砂砾滩。无土壤和植被。

南黄石礁 (Nánhuángshí Jiāo)

北纬 39°13.0′、东经 122°41.6′。位于黄海北部大连市长海县海域，距小长山岛最近点 60 米。因礁石呈黄色、位于小长山岛南侧而得名。《中国海域地名图集》（1991）标注为南黄石礁。岸线长 40 米，面积 113 平方米，最高点高程 4 米。基岩岛，无土壤和植被。

塞里岛 (Sàilǐ Dǎo)

北纬 39°12.9′、东经 122°35.7′。位于黄海北部大连市长海县海域，距大陆最近点 26.57 千米。因是大长山岛南部屏障、海上要塞而得名。明《辽东志》和《全辽志》记为涩梨岛，考证可能是因岛上盛产涩梨而得名。涩梨与塞里谐音是现名的另一种诠释。《中国海洋岛屿简况》（1980）、《辽宁省地名录》（1988）、《大连海域地名志》（1989）、《中国海域地名志》（1989）、《中国海域地名图集》（1991）和《全国海岛名称与代码》（2008）均记为塞里岛。《大连掌故》（2009）载：该岛夹在大、小长山岛和哈仙岛之间，就像东西塞在里面，故名。岛形似金鱼，呈东北—西南走向，岸线长 8.77 千米，面积 1.448 6 平方千米，最高点高程 96.7 米。基岩岛，主要由片麻岩构成，地势东南高西北平缓，海岸曲折，多湾澳少滩涂。土壤层较厚，主要为片岩类棕壤性土。植被覆盖较好，以黑松林和刺槐林为主。

该岛为村级有居民海岛，2011 年户籍人口 367 人，常住人口 399 人。水主要从大陆引入，部分靠收集雨水和方塘储水，电由东北电网输入。陆岛交通有客货两用码头，岛内有环岛公路。岛上建有村办公楼、卫生所、宾馆、净水厂、污水处理厂、中心公园、健身广场、通信发射塔、水产品养殖场等公共设施和渔业设施。海岛经济以渔业和旅游业为主。

大草坨子 (Dàcǎo Tuózi)

北纬 39°12.9′、东经 122°26.9′。位于黄海北部大连市长海县广鹿乡海域，距瓜皮岛最近点 1 千米。因该岛体积较大且野草覆盖，故名。《中国海洋岛屿简况》（1980）、《中国海域地名图集》（1991）和《全国海岛名称与代码》

（2008）记为大草坨子，《大连海域地名志》（1989）和《中国海域地名志》（1989）记为大草坨子岛，又名大坨子岛。岛近圆形，岸线长 1.16 千米，面积 0.075 5 平方千米，最高点高程 44 米。基岩岛，主要由片麻岩和板岩构成，四周岩壁陡峭，多湾澳，发育有沙滩，低潮时南部海域岩礁裸露。地表为风化层，顶部发育土壤，主要生长草本植物。岛上残留有旅游设施，周边海域为底播增养殖区。

马路岗礁 (Mǎlùgǎng Jiāo)

北纬 39°12.9′、东经 122°24.5′。位于黄海北部大连市长海县海域，距广鹿岛最近点 500 米。因岛上沙岗带长如马路，故名。《大连海域地名志》（1989）记为马路岗头礁。岛体呈不规则形状，岸线长 60 米，面积 201 平方米，最高点高程 4 米。基岩岛，由片麻岩和板岩构成，低潮时有裸露的岩礁和海底沙脊与广鹿岛连接。无土壤和植被。

南马路岛 (Nánmǎlù Dǎo)

北纬 39°12.8′、东经 122°24.3′。位于黄海北部大连市长海县海域，距广鹿岛最近点 200 米。因位于马路岗礁南侧而得名。岛体呈东西走向，岸线长 128 米，面积 694 平方米，最高点高程 4 米。基岩岛，低潮时周边海域岩礁裸露，有岩礁和海底沙脊与广鹿岛连接。无土壤和植被。

东绵羊石 (Dōngmiányáng Shí)

北纬 39°12.7′、东经 122°19.2′。位于黄海北部大连市长海县海域，距广鹿岛最近点 2 千米。因岛体洁白，形如绵羊，位于广鹿乡葫芦岛以东，故名。《中国海洋岛屿简况》（1980）记为绵羊石，《大连海域地名志》（1989）、《中国海域地名志》（1989）和《全国海岛名称与代码》（2008）记为东绵羊石礁，《中国海域地名图集》（1991）标注为东绵羊石。岛体呈东北—西南走向，岸线长 42 米，面积 128 平方米，最高点高程 6 米。基岩岛，由白云岩构成，低潮时周边海域有裸露的岩礁，无土壤和植被。

海狗礁 (Hǎigǒu Jiāo)

北纬 39°12.6′、东经 122°27.4′。位于黄海北部大连市长海县广鹿乡海域，距瓜皮岛最近点 2 千米。因海狗（当地百姓习惯将海豹称为海狗）常栖息礁上而得名。《中国海洋岛屿简况》（1980）、《大连海域地名志》（1989）、《中国海域地名志》（1989）、《中国海域地名图集》（1991）和《全国海岛名称与代码》（2008）均记为海狗礁。岛近圆形，岸线长 110 米，面积 829 平方米，最高点高程 3.9 米。基岩岛，由片麻岩构成，地处瓜皮岛水道西侧，礁险流急。无土壤和植被。

半拉坨子 (Bànlǎ Tuózi)

北纬 39°12.6′、东经 122°24.5′。位于黄海北部大连市长海县海域，距广鹿岛最近点 700 米。因岛形不完整而得名。《中国海洋岛屿简况》（1980）、《中国海域地名图集》（1991）和《全国海岛名称与代码》（2008）记为半拉坨子，《大连海域地名志》（1989）和《中国海域地名志》（1989）记为半拉坨子岛。岛体呈东北—西南走向，岸线长 1.23 千米，面积 0.011 平方千米，最高点高程 9 米。基岩岛，主要由片麻岩和板岩构成，地势南部高而宽，北部低而窄，海岸陡峭，以基岩为主，发育有沙滩。土壤层较薄，生长灌木及草本植物。岛顶部有砖砌看海小屋，住有海水养殖临时看护人员，周边海域为浮筏养殖区和底播增养殖区。

塞小坨子 (Sāixiǎo Tuózi)

北纬 39°12.4′、东经 122°35.8′。位于黄海北部大连市长海县大长山岛镇海域，距塞里岛最近点 100 米。位于塞里岛南侧，因岛体小，得名小坨子或小坨子岛。《中国海洋岛屿简况》（1980）记为小坨子，《大连海域地名志》（1989）和《中国海域地名志》（1989）记为塞小坨子岛，《中国海域地名图集》（1991）和《全国海岛名称与代码》（2008）记为塞小坨子。岛体呈东北—西南走向，岸线长 474 米，面积 13 563 平方米，最高点高程 15.9 米。基岩岛，主要由花岗岩构成，东北窄西南宽，西北部有砂质岬角，低潮时有裸露的海底沙脊与塞里岛连接。发育土壤层，生长乔木和草本植物，乔木以黑松树为主。周边海域为浮筏养殖区和底播增养殖区。

扁坨子 (Biǎn Tuózi)

北纬 39°12.3′、东经 122°18.4′。位于黄海北部大连市长海县广鹿乡海域，距广鹿岛最近点 2.5 千米。因岛体厚扁平而得名。位于葫芦岛北侧海湾里，得名里坨子；又因位于葫芦岛东北，取方位得名东坨子或北坨子。《中国海洋岛屿简况》（1980）记为东坨子，《大连海域地名志》（1989）和《中国海域地名志》（1989）记为里坨子岛，《中国海域地名图集》（1991）和《全国海岛名称与代码》（2008）记为里坨子。岛体呈东西走向，岸线长89米，面积560平方米，最高点高程8米。基岩岛，主要由片麻岩构成，四周岩壁陡峭，低潮时周边海域有岩礁裸露。海岛顶部和岩缝中有少量土壤，生长草本植物。

干坨子 (Gān Tuózi)

北纬39°12.3′、东经122°18.2′。位于黄海北部大连市长海县海域，距广鹿岛最近点2.4千米。因低潮干出与葫芦岛连接而得名。《中国海洋岛屿简况》（1980）和《中国海域地名图集》（1991）记为干坨子，《大连海域地名志》（1989）和《中国海域地名志》（1989）记为干坨子岛。岛体呈不规则形状，岸线长91米，面积280平方米，最高点高程8米。基岩岛，主要由片麻岩构成，四周岩壁陡峭，低潮时周边海域有裸露的岩礁，南部有岩礁和海底沙脊与葫芦岛连接。海岛顶部有少量土壤，生长草本植物。

塞大坨子 (Sàidà Tuózi)

北纬39°12.2′、东经122°35.2′。位于黄海北部大连市长海县大长山岛镇海域，距塞里岛最近点400米。因该岛靠近塞里岛，且体积较大，故名。《中国海洋岛屿简况》（1980）记为大坨子，《大连海域地名志》（1989）和《中国海域地名志》（1989）记为塞大坨子岛，《中国海域地名图集》（1991）和《全国海岛名称与代码》（2008）记为塞大坨子。岛体呈西北—东南走向，岸线长1.85千米，面积0.110 4平方千米，最高点高程79.5米。基岩岛，主要由片麻岩和石英岩构成，以基岩海岸为主，多陡峭，东北部有砂砾滩。发育土壤层，主要生长草本植物，顶部和北坡有少量黑松、刺槐和灌木丛。岛上有一处粉色简易小房，住有海水养殖临时看护人员，周边海域为浮筏养殖区和底播增养殖区。

羊坨子尖 (Yáng Tuózijiān)

北纬39°12.1′、东经122°41.3′。位于黄海北部大连市长海县海域，距小长山岛最近点100米。因该岛尾端尖，昔日曾有人在此牧羊，故名。《中国海洋岛屿简况》（1980）、《中国海域地名图集》（1991）和《全国海岛名称与代码》

（2008）记为羊坨子尖，《大连海域地名志》（1989）和《中国海域地名志》（1989）记为羊坨子尖岛。岛体呈南北走向，岸线长 800 米，面积 21 973 平方米，最高点高程 38.7 米。基岩岛，主要由片麻岩构成，岛体狭长、南北尖，低潮时周边海域岩礁裸露，北侧有岩礁和海底沙脊与小长山岛连接。发育土壤层，乔木分布在顶部，以黑松、刺槐为主。

葫芦岛 (Húlu Dǎo)

北纬 39°12.0′、东经 122°18.1′。位于黄海北部大连市长海县海域，距广鹿岛最近点 1.6 千米。因岛体形似葫芦而得名，又称北岛。当地居民取宝葫芦招财进宝之意，俗称财神岛。《中国海洋岛屿简况》（1980）、《辽宁省地名录》（1988）、《大连海域地名志》（1989）、《中国海域地名志》（1989）、《中国海域地名图集》（1991）和《全国海岛名称与代码》（2008）均记为葫芦岛。岛体呈东北—西南走向，岸线长 3.56 千米，面积 0.363 1 平方千米，最高点高程 64.7 米。基岩岛，主要由片麻岩和板岩构成，原为广鹿岛陆连部分，后因海水侵蚀与主岛分离成孤岛。海岛四周岩壁陡峭，地势西部高而宽、东部低而窄，地貌多为侵蚀低丘，以基岩海岸为主，发育滩涂，有沙滩，低潮时有裸露的岩礁和海底沙脊与广鹿岛连接。海岛顶部为风化层，有土壤，植被茂密。原为有居民海岛，2011 年有常住人口 11 人，现已迁出，水靠岛上淡水资源供给，电从广鹿岛引入。陆岛交通有旅游码头，岛内交通有贯穿东北—西南的水泥路。有沙滩、寺庙等旅游景观，建有大型旅游度假村、别墅、灯塔等基础设施以及旅游宾馆等。

小葫芦岛 (Xiǎohúlu Dǎo)

北纬 39°11.9′、东经 122°18.0′。位于黄海北部大连市长海县海域，距广鹿岛最近点 1.8 千米。因岛体小，临近葫芦岛，故名。岸线长 13 米，面积 12 平方米，最高点高程 3 米。基岩岛，无土壤和植被。

鹰窝礁 (Yīngwō Jiāo)

北纬 39°12.0′、东经 122°35.4′。位于黄海北部大连市长海县大长山岛镇海域，距塞里岛最近点 700 米。因岛顶岩石似鹰而得名。《中国海域地名图集》（1991）标注为鹰窝礁。岛近圆形，岸线长 88 米，面积 583 平方米，最高点高程 15 米。

基岩岛，四周岩壁陡峭，低潮时有裸露的岩礁与塞大坨子连接。海岛岩缝中有少量土壤，生长草本植物。

石坨子 (Shí Tuózi)

北纬 39°11.9′、东经 122°24.8′。位于黄海北部大连市长海县海域，距广鹿岛最近点 2 千米。因岛体岩石裸露而得名。《中国海洋岛屿简况》（1980）、《中国海域地名图集》（1991）和《全国海岛名称与代码》（2008）记为石坨子，《大连海域地名志》（1989）和《中国海域地名志》（1989）记为石坨子岛。岛体呈东北—西南走向，岸线长 763 米，面积 8 024 平方米，最高点高程 14 米。基岩岛，主要由片麻岩构成，四周岩壁陡峭，地处庙东湾中央，周边海域有岩礁分布。海岛岩缝中有少量土壤，生长草本植物。岛顶部有一处二层看海房屋，住有海水养殖临时看护人员，周边海域为浮筏养殖区和底播增养殖区。

广鹿岛 (Guǎnglù Dǎo)

北纬 39°10.8′、东经 122°21.3′。位于黄海北部大连市长海县海域，距大陆最近点 12.35 千米。传说昔日岛上野鹿成群而得名。又传八仙过海之时，见此岛金鹿群生，万物繁盛，遂命名"广鹿岛"。明《辽东志》、明《全辽志》和清《盛京通志》记为广鹿岛；《奉天通志》记"光禄岛"即此岛；《辽宁省地名录》（1988）、《大连海域地名志》（1989）、《中国海域地名志》（1989）、《中国海域地名图集》（1991）和《全国海岛名称与代码》（2008）均记为广鹿岛。岛体呈东北—西南走向，岸线长 40.24 千米，面积 26.394 7 平方千米，最高点高程 251.6 米。基岩岛，主要由片麻岩、板岩和千板岩构成，地势由西南向东北呈阶梯下降，西南岭峰高峻、沟壑交错，西部低洼，中部多低峻山区，东北部开阔平缓，海岸有沙滩。土壤层发育较好，植被茂盛，乔木以常绿针叶林为主。

该岛历史悠久，清道光二十三年（1843 年）建广鹿岛社，1945 年 11 月建广鹿乡。现为广鹿乡人民政府所在地，设 5 个行政村，2011 年户籍人口 11 299 人，常住人口 13 936 人。水主要靠岛上淡水资源供给，有众多集雨方塘和仙女湖补充，电由海底电缆从大陆引入。陆岛交通有柳条沟港和多落母港，岛内交通有公路网。有学校、卫生院、图书馆、养老院、邮局、银行、度假村、旅客服务中心等设施。

岛上有小珠山贝丘、朱家村、吴家村、蛎碴岗等古人文遗址。海岛风光独特，有沙尖子、月亮湾、彩虹滩、银鱼湾、盐场湾、彩虹滩浴场、将军石、仙女湖、青龙壁、神仙洞等自然景观。海岛经济以渔业和旅游业为主。

小半拉山 (Xiǎobànlǎ Shān)

北纬 39°10.4′、东经 122°24.6′。位于黄海北部大连市长海县海域，距广鹿岛最近点 1.6 千米。因岛体形似被劈开的山体而得名。《中国海域地名图集》（1991）标注为小半拉山。岛体呈三角形，东西走向，岸线长 178 米，面积 1 530 平方米，最高点高程 15 米。基岩岛，主要由灰白色片麻岩构成，四周岩壁陡峭。发育棕壤性土，主要生长草本植物，乔木较少，以松树为主。

三角山岛 (Sānjiǎoshān Dǎo)

北纬 39°10.2′、东经 122°25.2′。位于黄海北部大连市长海县海域，距广鹿岛最近点 2.1 千米。因岛体呈三角形而得名。岸线长 64 米，面积 294 平方米，最高点高程 2 米。基岩岛，无土壤和植被。

广鹿山 (Guǎnglù Shān)

北纬 39°10.2′、东经 122°25.3′。位于黄海北部大连市长海县海域，距广鹿岛最近点 2 千米。该岛体大如山，且位于广鹿岛旁，故名。《中国海洋岛屿简况》（1980）和《中国海域地名图集》（1991）记为广鹿山，《大连海域地名志》（1989）和《中国海域地名志》（1989）记为广鹿山岛。岛近长方形，呈西北—东南走向，岸线长 1.47 千米，面积 0.119 6 平方千米，最高点高程 110 米。基岩岛，主要由片麻岩构成，四周倾斜陡峻，以基岩海岸为主，发育有沙滩，西北部有砂砾质岬角。土壤层较厚，植被茂盛。岛上建有航标灯塔。周边海域为底播增养殖区。

南江石岛 (Nánjiāngshí Dǎo)

北纬 39°09.7′、东经 122°23.1′。位于黄海北部大连市长海县海域，距广鹿岛最近点 60 米。因位于广鹿岛南侧而得名。岛近三角形，岸线长 29 米，面积 65 平方米，最高点高程 5 米。基岩岛，无土壤和植被。

矾坨子 (Fán Tuózi)

北纬 39°09.1′、东经 122°18.3′。位于黄海北部大连市长海县海域，距广鹿

岛最近点 1.1 千米。因岛上有粉红色矾土分布而得名。《中国海洋岛屿简况》
（1980）、《中国海域地名图集》（1991）和《全国海岛名称与代码》（2008）
记为矾坨子，《大连海域地名志》（1989）和《中国海域地名志》（1989）记为
矾坨子岛。岛近东西走向，岸线长 1.2 千米，面积 0.047 8 平方千米，最高点高
程 71.4 米。基岩岛，主要由片麻岩构成，地势东高西低，以基岩海岸为主，发
育有砂砾滩。地处里长山海峡，是船舶航行的重要标志。该岛表层为风化层，
顶部及四周岩缝中有土壤，候鸟多路经此处。海岛土壤肥沃，主要生长灌木及
草本植物。岛上有简易活动板房，住有海水养殖临时看护人员，水从广鹿岛运
送，电靠小型风电供给。海岛开发以渔业为主，自然海湾有渔业生产船只停泊，
周边海域为浮筏养殖区和底播增养殖区。

霸王盔 (Bàwángkuī)

北纬 39°09.0′、东经 122°18.0′。位于黄海北部大连市长海县海域，距广鹿
岛最近点 1.6 千米。因岛体如武士头盔而得名。《中国海洋岛屿简况》（1980）
和《中国海域地名图集》（1991）记为霸王盔，《大连海域地名志》（1989）、《中
国海域地名志》（1989）和《全国海岛名称与代码》（2008）记为霸王盔岛。岛
体呈不规则形状，东北—西南走向，岸线长 267 米，面积 4 827 平方米，最高
点高程 40.1 米。基岩岛，主要由片麻岩构成，地势中间突出，周围偏低，形似
帽盔，低潮时周边海域岩礁裸露，常有海鸥栖息，是船只在里长山水道航行的
重要标志。该岛表层为风化层，岩缝中有土壤，生长草本植物。

西蛤蟆礁 (Xīháma Jiāo)

北纬 39°08.9′、东经 122°20.9′。位于黄海北部大连市长海县海域，距广鹿
岛最近点 10 米。因岛体形似蛤蟆、取方位而得名。《中国海洋岛屿简况》（1980）
记为蛤蟆礁，《大连海域地名志》（1989）、《中国海域地名志》（1989）和《中
国海域地名图集》（1991）记为西蛤蟆礁。岛近圆形，岸线长 242 米，面积
4 238 平方米，最高点高程 10 米。基岩岛，主要由片麻岩构成，四周岩壁陡峭，
低潮时有裸露的岩礁和砂砾滩与广鹿岛连接。海岛顶部有薄层土壤。

将军石 (Jiāngjūn Shí)

北纬 39°08.6′、东经 122°20.4′。位于黄海北部大连市长海县海域，距广鹿岛最近点 40 米。似因传说中降伏海盗的武将而得名。又名人石。《大连海域地名志》（1989）和《中国海域地名志》（1989）记为将军石礁，《中国海域地名图集》（1991）标注为将军石。由两个岛体组成，岸线长 119 米，面积 474 平方米，最高点高程 10 米。基岩岛，主要由片麻岩构成，四周岩壁陡峭，低潮时有裸露的岩礁与广鹿岛连接。海岛岩缝中有少量土壤，生长草本植物。

眼子山 (Yǎnzi Shān)

北纬 39°06.1′、东经 123°12.2′。位于黄海北部大连市长海县海域，距海洋岛最近点 3.02 千米。因岛上发育有通透的海蚀洞，远望形似海岛的眼睛，故名。《中国海洋岛屿简况》（1980）、《中国海域地名图集》（1991）和《全国海岛名称与代码》（2008）记为眼子山，《大连海域地名志》（1989）、《中国海域地名志》（1989）记为眼子山岛。岛体呈南北走向，岸线长 316 米，面积 3 455 平方米，最高点高程 48.4 米。基岩岛，主要由绢云母片岩构成，中部发育海蚀洞。洞高 8 米，宽 6 米，如拱门，两侧凹壁如柱，低潮时人可穿行，高潮时海水淹没过半。该岛表层为风化层，主要发育片岩类棕壤性土，生长灌木及草本植物。

山后大坨子 (Shānhòu Dàtuózi)

北纬 39°05.7′、东经 123°10.8′。位于黄海北部大连市长海县海域，距海洋岛最近点 1.3 千米。因岛体较大，位于北坨子山后方，故名。《大连海域地名志》（1989）和《中国海域地名志》（1989）记为山后大坨子岛，《中国海域地名图集》（1991）标注为山后大坨子。岛体呈东北—西南走向，岸线长 232 米，面积 2 673 平方米，最高点高程 30 米。基岩岛，主要由绢云母片岩构成，南部尖高，北部斜坡尖长，系北坨子山支脉，由沙脊与北坨子连接。该岛表层为风化层，发育薄层土壤，生长草本植物。

北坨子 (Běi Tuózi)

北纬 39°05.7′、东经 123°10.5′。位于黄海北部大连市长海县海域，距海洋岛最近点 60 米。因位于海洋岛北侧而得名。《中国海洋岛屿简况》（1980）记为北砣子，《大连海域地名志》（1989）和《中国海域地名志》（1989）记为北坨子岛，《中国海域地名图集》（1991）和《全国海岛名称与代码》（2008）记为北坨子。岛体呈弓形，近南北走向，岸线长 5.39 千米，面积 0.621 9 平方千米，最高点高程 154 米。基岩岛，主要由绢云母片岩构成，山脊尖窄，向两侧倾斜，四周岩壁陡峭，低潮时有沙坝与海洋岛连接。地表为风化层，发育片岩类棕壤性土，植被覆盖良好，生长乔木、灌木和草本植物。岛上有砖砌小屋和临时活动板房、简易码头、输电等基础设施，住有渔业生产等临时人员，周边海域有围海养殖区、浮筏养殖区和底播增养殖区。

嘴坨子 (Zuǐ Tuózi)

北纬 39°05.5′、东经 123°10.9′。位于黄海北部大连市长海县海域，距海洋岛最近点 1.1 千米。因岛体是延伸入海的山嘴而得名，又名将军石。《中国海域地名图集》（1991）标注为嘴坨子。岛近椭圆形，呈东北—西南走向，岸线长 149 米，面积 1 506 平方米，最高点高程 18 米。基岩岛，四周岩壁陡峭，地表为风化层，岩缝中有少量土壤，生长草本植物。

辣椒盘子 (Làjiāopánzi)

北纬 39°05.5′、东经 123°10.7′。位于黄海北部大连市长海县海域，距海洋岛最近点 850 米。因岛体似辣椒，当地群众俗称辣椒盘子。岛体呈东北—西南走向，岸线长 53 米，面积 179 平方米，最高点高程 20 米。基岩岛，四周岩壁陡峭，顶部倾斜，低潮时周边海域有裸露的岩礁和砂砾滩，西北与北坨子连接。海岛岩缝中有少量土壤，主要生长灌木及草本植物，乔木较少。

西大江 (Xīdà Jiāng)

北纬 39°05.3′、东经 123°08.6′。位于黄海北部大连市长海县海域，距海洋岛最近点 50 米。该岛位于海洋岛西咀（嘴）附近，故名。岛体呈西北—东南走向，岸线长 35 米，面积 65 平方米，最高点高程 6 米。基岩岛，岛岸陡峭，无土壤和植被。

母鸡坨子 (Mǔjī Tuózi)

北纬 39°05.1′、东经 123°09.5′。位于黄海北部大连市长海县海域，距海洋

岛最近点 30 米。因岛体形似孵卵的母鸡而得名。《中国海洋岛屿简况》（1980）
和《中国海域地名图集》（1991）记为母鸡坨子，《大连海域地名志》（1989）
和《中国海域地名志》（1989）记为母鸡坨子岛。岛体呈不规则形状，岸线长
390 米，面积 6 298 平方米，最高点高程 37.5 米。基岩岛，主要由云母片岩构成，
基岩海岸，发育有沙滩，低潮时周边海域有裸露的岩礁和砂砾滩，南侧与海洋
岛连接。该岛表层为风化层，岩缝中有少量土壤，生长灌木及草本植物。岛上
建有渔业码头和临时搭建的帐篷及渔业生产、输电等基础设施，住有渔业生产
等临时人员，水电从海洋岛输送，周边海域为网箱养殖区、浮筏养殖区和底播
增养殖区。

褡裢西北嘴 (Dālian Xīběi Zuǐ)

北纬 39°04.7′、东经 122°46.6′。位于黄海北部大连市长海县獐子岛镇海域，
距西褡裢岛最近点 120 米。因位于西褡裢岛西北角而得名。《中国海域地名图集》
（1991）标注为褡裢西北嘴。岛体呈东西走向，岸线长 281 米，面积 1 382 平方米，
最高点高程 13.5 米。基岩岛，地势东高西低，低潮时周边海域有裸露的岩礁与
西褡裢岛连接。无土壤和植被。

褡裢岛 (Dālian Dǎo)

北纬 39°04.5′、东经 122°48.1′。位于黄海北部大连市长海县海域，距大陆
最近点 47 千米，距獐子岛最近点 6.6 千米。岛形似褡裢（古钱袋），故名。《中
国海洋岛屿简况》（1980）载：居东海岛为东褡裢岛，居西海岛为西褡裢岛。《辽
宁省地名录》（1988）、《大连海域地名志》（1989）、《中国海域地名志》（1989）
和《全国海岛名称与代码》（2008）记为褡裢岛。岛体呈西北—东南走向，岸
线长 6.64 千米，面积 0.908 平方千米，最高点高程 100 米。基岩岛，主要由绢
云母片岩构成，顶部较为平坦，海岸陡峭，以基岩为主，多湾澳，发育有沙滩，
低潮时周边海域有岩礁裸露。风化壳发育较好，土壤层较厚。

该岛为村级有居民海岛，由堤坝和沙脊与西褡裢岛连接，2011 年户籍人口
316 人，常住人口 680 人。水靠岛上淡水资源和收集雨水，电由海底电缆从獐
子岛引入。陆岛交通有客运码头和渔业码头，岛内交通有水泥路。建有海滨浴场、

渔家乐宾馆、灯塔、民居等基础设施，周边海域为浮筏养殖区和底播增养殖区。

西褡裢岛 (XīDālian Dǎo)

北纬 39°04.3′、东经 122°47.1′。位于黄海北部大连市长海县海域，距大陆最近点 46.49 千米，距獐子岛最近点 5.6 千米。该岛为形似褡裢（古钱袋）的两岛之一，因位于西侧得名。《中国海洋岛屿简况》（1980）记：居东海岛为东褡裢岛，居西海岛为西褡裢岛。《大连海域地名志》（1989）、《中国海域地名志》（1989）和《全国海岛名称与代码》（2008）记为褡裢岛。岛体呈西北—东南走向，岸线长 5.1 千米，面积 0.662 6 平方千米，最高点高程 100 米。基岩岛，主要由绢云母片岩构成，顶部较为平坦，海岸陡峭，以基岩为主，多湾澳，发育有沙滩，低潮时周边海域有岩礁裸露。土壤层较厚，表层以下多为砾石等半风化物，植被茂盛。

该岛为村级有居民海岛，由堤坝和沙脊与褡裢岛连接，2011 年户籍人口 484 人，常住人口 700 人，水靠岛上淡水资源和收集雨水，电由电缆从獐子岛引入。陆岛交通有客运码头和渔业码头，每天往返獐子岛和大耗岛、小耗岛，岛内交通有水泥路。民居、公共设施分布在海岛北部，周边海域为浮筏养殖区和底播增养殖区。

沟西江岛 (Gōuxījiāng Dǎo)

北纬 39°04.5′、东经 122°46.6′。位于黄海北部大连市长海县獐子岛镇海域，距西褡裢岛最近点 60 米。位于西沟西侧，故名。岛体呈椭圆形，东北—西南走向，岸线长 86 米，面积 457 平方米，最高点高程 8 米。基岩岛，低潮时周边海域有裸露的岩礁和砂砾滩与西褡裢岛连接。无土壤和植被。

北砟石 (Běizhǎ Shí)

北纬 39°04.4′、东经 123°11.3′。位于黄海北部大连市长海县海域，距海洋岛最近点 30 米。该岛为海洋岛北侧的孤立礁石，故名。岛体呈东北—西南走向，岸线长 87 米，面积 411 平方米，最高点高程 2 米。基岩岛，低潮时周边海域有裸露的岩礁和砾石，西侧与海洋岛连接。无土壤和植被。

苇沟岛 (Wěigōu Dǎo)

北纬 39°04.4′、东经 122°48.7′。位于黄海北部大连市长海县獐子岛镇海域，距褡裢岛最近点 10 米。岛体呈西北—东南走向，岸线长 55 米，面积 107 平方米，最高点高程 3 米。基岩岛，地势低平，低潮时周边海域有裸露的岩礁与褡裢岛连接。无土壤和植被。周边海域为浮筏养殖区。

南苇沟岛 (Nánwěigōu Dǎo)

北纬 39°04.3′、东经 122°48.7′。位于黄海北部大连市长海县獐子岛镇海域，距褡裢岛最近点 10 米。因位于苇沟岛南侧而得名。岛近南北走向，岸线长 37 米，面积 91 平方米，最高点高程 15 米。基岩岛，四周岩壁陡峭，低潮时周边海域有裸露的岩礁与褡裢岛连接。无土壤和植被。

小南海 (Xiǎonánhǎi)

北纬 39°04.3′、东经 122°46.9′。位于黄海北部大连市长海县獐子岛镇海域，距西褡裢岛最近点 50 米。因位于西褡裢岛南部海域而得名。《中国海域地名图集》（1991）标注为小南海。岛体呈东北—西南走向，岸线长 73 米，面积 348 平方米，最高点高程 20 米。基岩岛，低潮时有裸露的岩礁和砂砾滩与西褡裢岛连接。海岛顶部有薄层土壤。岛顶部有未完工的输电设施。

前窝石岛 (Qiánwōshí Dǎo)

北纬 39°04.3′、东经 122°47.6′。位于黄海北部大连市长海县獐子岛镇海域，距西褡裢岛最近点 40 米。因位于西褡裢岛前窝村近岸，故名。岛近南北走向，岸线长 156 米，面积 390 平方米，最高点高程 15 米。基岩岛，东北部岩石突起，低潮时周边海域有裸露的岩礁和砂砾滩与西褡裢岛连接。无土壤和植被。

刺咀石 (Cìzuǐ Shí)

北纬 39°04.0′、东经 123°11.8′。位于黄海北部大连市长海县海域，距海洋岛最近点 80 米。该岛似山体向海延伸一角，呈三角尖刺状，故名。岛近东西走向，岸线长 55 米，面积 199 平方米，最高点高程 2 米。基岩岛，顶部较尖，低潮时周边海域有裸露的岩礁，无土壤和植被。

偏脸礁 (Piānliǎn Jiāo)

北纬 39°03.9′、东经 123°11.9′。位于黄海北部大连市长海县海域，距海洋岛最近点 40 米。因岛偏向一侧而得名。岛体呈西北—东南走向，岸线长 63 米，面积 252 平方米，最高点高程 3 米。基岩岛，低潮时周边海域有裸露的岩礁和砾石滩，西南与海洋岛连接。无土壤和植被。

小耗岛 (Xiǎohào Dǎo)

北纬 39°03.8′、东经 122°51.7′。位于黄海北部大连市长海县獐子岛镇海域，距大耗岛最近点 1.92 千米。该岛邻近大耗岛，面积稍小，故名。据传因昔日从大耗子岛游来一只小耗子而得名。清《盛京通志》记为小耗岛；《中国海洋岛屿简况》（1980）和《辽宁省地名录》（1988）记为小耗岛，《大连海域地名志》（1989）、《中国海域地名志》（1989）和《全国海岛名称与代码》（2008）记为小耗子岛。岛体呈西北—东南走向，岸线长 11.16 千米，面积 1.811 4 平方千米，最高点高程 124 米。基岩岛，主要由绢云母片岩构成。地势中部突起，四周坡缓，丘陵起伏，东部宽，西北角为狭长山嘴，以基岩岸线为主，多湾澳，发育有沙滩。土壤层较厚。

该岛为村级有居民海岛，2011 年户籍人口 512 人，常住人口 405 人，水靠地下淡水供给，电由海底电缆从大陆引入。陆岛交通有小耗岛码头，岛内交通有水泥路。岛上建有民居、饭店、渔家乐、休闲广场、监测站等基础设施，有海珍品苗种培育室，发展浮筏养殖和底播增养殖等水产业。

北栏子 (Běilánzi)

北纬 39°03.8′、东经 122°51.1′。位于黄海北部大连市长海县獐子岛镇海域，距小耗岛最近点 30 米。因位于小耗岛西北海域，当地俗称北栏子。岛近圆形，岸线长 52 米，面积 182 平方米，最高点高程 10 米。基岩岛，顶部倾斜，低潮时周边海域有裸露的岩礁和砾石滩与小耗岛连接。海岛岩缝中有少量土壤，生长草本植物。

小栏子 (Xiǎolánzi)

北纬 39°03.7′、东经 122°51.2′。位于黄海北部大连市长海县獐子岛镇海域，距小耗岛最近点 70 米。该岛形如滨海栏杆，且较小，故名。岛体呈西北—东南走向，岸线长 69 米，面积 159 平方米，最高点高程 7 米。基岩岛，低潮时周边海域有裸露的岩礁和砾石滩与小耗岛连接。无土壤和植被。

大嘴子 (Dàzuǐzi)

北纬 39°03.5′、东经 122°49.3′。位于黄海北部大连市长海县獐子岛镇海域，距大耗岛最近点 120 米。因位于后洋湾山嘴处而得名大嘴子。当地群众亦称之为大耗子嘴。《中国海域地名图集》（1991）标注为大嘴子。岛体呈南北走向，岸线长 117 米，面积 718 平方米，最高点高程 14 米。基岩岛，地表岩石犬牙交错，低潮时周边海域有裸露的岩礁，南侧有岩礁和砂砾滩与大耗岛连接。无土壤和植被。

小嘴子 (Xiǎozuǐzi)

北纬 39°03.0′、东经 122°48.9′。位于黄海北部大连市长海县獐子岛镇海域，距大耗岛最近点 10 米。因邻近大嘴子、岛体较小而得名。《中国海域地名图集》（1991）标注为小嘴子。岸线长 8 米，面积 11 平方米，最高点高程 3 米。基岩岛，低潮时周边海域有裸露岩礁，无土壤和植被。

大耗岛 (Dàhào Dǎo)

北纬 39°02.9′、东经 122°49.4′。位于黄海北部大连市长海县海域，距獐子岛最近点 5.4 千米。据传因岛上有鼠而得名。明《辽东志》和《全辽志》记为耗子岛；清《盛京通志》记为大耗子岛；《中国海洋岛屿简况》（1980）和《辽宁省地名录》（1988）记为大耗岛，《大连海域地名志》（1989）、《中国海域地名志》（1989）和《全国海岛名称与代码》（2008）记为大耗子岛。岛体呈东北—西南走向，岸线长 8.19 千米，面积 1.921 7 平方千米，最高点高程 155.1 米。基岩岛，主要由石英岩构成，东北高，自东北向西南横亘一道山脉，地势崎岖险峻，山高石多少平地，四周陡峭少滩涂，鹅卵石资源丰富。土壤层较厚，植被茂盛。

该岛为村级有居民海岛，2011 年户籍人口 252 人，常住人口 588 人，水靠地下淡水供给，电由海底电缆从大陆引入。陆岛交通有客货两用码头，岛内交通有水泥路。民居和基础设施主要分布在后洋湾，有灯塔。岛上有耗子洞、鸭巴坨子、孔子拜海、天然海水浴场等自然景观。周边海域为浮筏养殖区、底播增养殖区和垂钓区。

干礁石 (Gānjiāo Shí)

北纬 39°02.9′、东经 122°50.1′。位于黄海北部大连市长海县獐子岛镇海域，距大耗岛最近点 40 米。因低潮干出而得名。《中国海域地名图集》（1991）标注为干礁石。岛体呈不规则形状，岸线长 37 米，面积 99 平方米，最高点高程 12 米。基岩岛，东部宽西部窄，低潮时有裸露的岩礁和砂砾滩，西侧与大耗岛连接。无土壤和植被。

干石头 (Gān Shítóu)

北纬 39°02.8′、东经 122°50.1′。位于黄海北部大连市长海县獐子岛镇海域，距大耗岛最近点 40 米。因低潮时干出而得名。岛体呈东北—西南走向，岸线长 39 米，面积 72 平方米，最高点高程 10 米。基岩岛，岛岸陡峭，低潮时周边海域有裸露的岩礁和砂砾滩与大耗岛连接。无土壤和植被。

大马石 (Dàmǎ Shí)

北纬 39°02.7′、东经 122°48.6′。位于黄海北部大连市长海县獐子岛镇海域，距大耗岛最近点 70 米。因岛体大，形似马背而得名。《大连海域地名志》（1989）记为大马石礁，《中国海域地名图集》（1991）标注为大马石。岛体呈东北—西南走向，岸线长 72 米，面积 353 平方米，最高点高程 6 米。基岩岛，由石英岩构成，地势西端高中间低、有裂缝，岛体平滑，岛岸陡峭。无土壤和植被。

水口大江 (Shuǐkǒu Dàjiāng)

北纬 39°02.4′、东经 122°49.1′。位于黄海北部大连市长海县獐子岛镇海域，距大耗岛最近点 40 米。因位于两水道之间而得名。《中国海域地名图集》（1991）标注为水口大江。由群礁组成，南北分布，岸线长 158 米，面积 600 平方米，最高点高程 4 米。基岩岛，低潮时周边海域有裸露的岩礁连接各礁体，北侧与大耗岛连接，无土壤和植被。

海洋岛 (Hǎiyáng Dǎo)

北纬 39°02.4′、东经 123°09.5′。位于黄海北部大连市长海县海域，距大陆最近点 60.25 千米。因海岛远离大陆、孤悬于海洋而得名。鸟瞰全岛呈马蹄形状。相传很早以前，有个天神骑着龙马在海上踢跳飞跑，当跳到黄海北部时，不小心一只脚陷进海底，踩出一个蹄印，从此有了以海洋命名的岛屿。明《辽东志》、明《全辽志》和清《盛京通志》记为海洋岛；《辽宁省地名录》（1988）、《大连海域地名志》（1989）、《中国海域地名志》（1989）和《全国海岛名称与代码》（2008）均记为海洋岛。岛体呈南北走向，岸线长 33.63 千米，面积 18.180 3 平方千米，最高点高程 373 米，名谓"哭娘顶"，为长海县最高峰。基岩岛，主要由绢云母片麻岩构成，地貌类型主要为侵蚀高丘和坡洪积扇裙。岛上山峰崇峻，四周岩壁陡峭，沟壑幽邃，岩石裸露，少开阔地，海岸回环曲折，多海蚀崖，西北部有天然良港。该岛表层为风化层，发育片岩类棕壤性土和石英岩类棕壤性土，植被茂盛，乔木以黑松林、黑松麻栎林等为主。

该岛为乡级有居民海岛，2011 年户籍人口 5 270 人，常住人口 7 432 人，水靠收集雨水和地下淡水供给，电由海底电缆从大陆引入。陆岛交通有客运码头和渔业码头，岛内交通有水泥公路。该岛建有商场、宾馆、学校、卫生所、邮局、储蓄所等基础设施，有海滨公园、海蜃神庙、鹰嘴石、名著公园、哭娘顶、青龙山国家森林公园等自然景观。该岛有海珍品苗种培育室，发展浮筏养殖和底播增养殖等水产业。

大狗礁 (Dàgǒu Jiāo)

北纬 39°02.4′、东经 123°13.1′。位于黄海北部大连市长海县海洋乡海域，距海洋岛最近点 2.5 千米。因岛体大且似狗而得名。《大连海域地名志》（1989）和《中国海域地名图集》（1991）记为大狗礁。岛近南北走向，岸线长 43 米，面积 115 平方米，最高点高程 5 米。基岩岛，低潮时周边海域岩礁裸露，西南有岩礁和砂砾滩与南坨子连接，无土壤和植被。

扁嘴 (Biǎn Zuǐ)

北纬 39°02.3′、东经 122°42.2′。位于黄海北部大连市长海县獐子岛镇海域，距獐子岛最近点 10 米。因岛体扁平似嘴而得名。《中国海域地名图集》（1991）标注为扁嘴。岛体呈东北—西南走向，岸线长 155 米，面积 1 364 平方米，最高点高程 20 米。基岩岛，东北高西南低，低潮时周边海域岩礁裸露，东北侧与獐子岛连接，无土壤和植被。周边海域为浮筏养殖区和底播增养殖区。

大板石 (Dàbǎn Shí)

北纬 39°02.3′、东经 122°49.2′。位于黄海北部大连市长海县獐子岛镇海域，距大耗岛最近点 310 米。因岛体大、表面光如石板而得名。《中国海洋岛屿简况》（1980）记为板石，《中国海域地名志》（1989）记为大板石岛，《中国海域地名图集》（1991）标注为大板石。岛体呈东北—西南走向，岸线长 160 米，面积 1 730 平方米，最高点高程 43.6 米。基岩岛，北部高、岩壁陡峭，低潮时周边海域岩礁裸露，南侧与五石连接。海岛岩缝中有少量土壤，生长草本植物。

南坨子 (Nán Tuózi)

北纬 39°02.3′、东经 123°13.1′。位于黄海北部大连市长海县海洋乡海域，距海洋岛最近点 2.6 千米。因位于海洋岛东南而得名，又因体积为第二大而被当地人称为南二坨子。《中国海洋岛屿简况》（1980）记为南砣子，《大连海域地名志》（1989）和《中国海域地名志》（1989）记为南坨子岛，《全国海岛名称与代码》（2008）记为南坨子。岛体呈东西走向，岸线长 1 667 米，面积 0.049 3 平方千米，最高点高程 80 米。基岩岛，主要由绢云母片岩构成。地势中间高四周坡缓，南部多悬崖峭壁，北部倾斜险峻，岸线曲折，低潮时周边海域有裸露的岩礁，西侧与南大坨子连接。地表土壤层较薄，植被稀疏，生长草本植物。该岛人迹罕至，是海鸟的重要栖息繁殖地。岛上有临时搭建的简易看海小屋，住有海水养殖临时看护人员。设有领海方位点标志。

南大坨子 (Nándà Tuózi)

北纬 39°02.3′、东经 123°12.7′。位于黄海北部大连市长海县海洋乡海域，距海洋岛最近点 2.3 千米。因位于海洋岛东南，体积最大而得名。《中国海洋岛屿简况》（1980）记为南砣子，《大连海域地名志》（1989）和《中国海域地名志》（1989）记为南坨子岛，《全国海岛名称与代码》（2008）记为南坨子。该岛原由两个岛体组成，岛近方形，东西走向，岸线长 889 米，面积 0.055 1 平方千米，最高点高程 80 米。基岩岛，主要由绢云母片岩构成，西南高、岸线陡峭，东部坡缓，低潮时周边海域有裸露的岩礁，东侧与南坨子连接。该岛表层为风化层，岩缝中有少量土壤，生长灌木及草本植物。岛上人迹罕至，是海鸟的重要栖息繁殖地。

马坨子 (Mǎ Tuózi)

北纬 39°02.2′、东经 122°44.1′。位于黄海北部大连市长海县獐子岛镇海域，距獐子岛最近点 170 米。因岛形似马而得名。《大连海域地名志》（1989）记为马坨子岛，《中国海域地名图集》（1991）标注为马坨子。岛体呈南北走向，岸线长 304 米，面积 2 753 平方米，最高点高程 25.7 米。基岩岛，南北有两个突起，岸壁陡峭，低潮时北部海域有裸露的岩礁和砂砾滩。土壤层较薄，生长灌木及草本植物。南部海域有海底沙坝与獐子岛连接。堤坝附近建有一处砖砌混凝土制看海房屋，住有海水养殖临时看护人员，水电从獐子岛引入。周边海域为围海养殖区和底播增养殖区。

五石 (Wǔ Shí)

北纬 39°02.1′、东经 122°49.1。位于黄海北部大连市长海县獐子岛镇海域，距大耗岛最近点 540 米。由五块巨石组成而得名。曾名尖塔礁。《大连海域地名志》（1989）和《中国海域地名志》（1989）记为五石岛，《中国海域地名图集》（1991）标注为五石。岛近圆形，岸线长 472 米，面积 0.013 2 平方千米，最高点高程 70 米。基岩岛，主要由石英岩构成，由 5 个主要岛体组成，岛岸陡峭，发育有沙滩，低潮时周边海域有裸露的岩礁和砂砾滩连接众多礁体，北侧与大板石连接。海岛顶部有薄层土壤，生长灌木及草本植物。

母坨子 (Mǔ Tuózi)

北纬 39°02.1′、东经 123°10.1′。位于黄海北部大连市长海县海洋乡海域，距海洋岛最近点 10 米。该岛以当地俗称得名。海岛近菱形，岸线长 243 米，面积 4 290 平方米，最高点高程 10 米。基岩岛，顶部突起，四周岩壁陡峭，岩缝中有少量土壤，生长草本植物。周边海域为底播增养殖区和浮筏养殖区。

后洋大江 (Hòuyáng Dàjiāng)

北纬 39°02.0′、东经 122°44.7′。位于黄海北部大连市长海县獐子岛镇海域，距獐子岛最近点 10 米。因位于獐子岛后洋村近海而得名。《中国海域地名图集》（1991）标注为后洋大江。岛近圆形，岸线长 153 米，面积 871 平方米，最高点高程 15 米。基岩岛，地势一端稍高，低潮时周边海域有裸露的岩礁，无土壤和植被。

獐子岛 (Zhāngzi Dǎo)

北纬 39°01.6′、东经 122°44.0′。位于黄海北部大连市长海县海域，距大陆最近点 47.83 千米。据传因昔日岛上獐子成群而得名。明《辽东志》、明《全辽志》和清《盛京通志》记为獐子岛；《辽宁省地名录》（1988）、《大连海域地名志》（1989）、《中国海域地名志》（1989）和《全国海岛名称与代码》（2008）均记为獐子岛。岛体呈西北—东南走向，岸线长 25.02 千米，面积 8.794 7 平方千米，最高点高程 154 米。基岩岛，主要由绢云母片岩构成。东南部尖圆，中部稍宽，西北部凹入。岛上岩丘起伏，中部多山，南部多悬崖绝壁，北部稍缓，平地甚少，地貌以圆顶状剥蚀低丘为主。基岩海岸，多湾澳，多沙滩。发育片岩类棕壤土，植被茂盛。

有居民海岛，有 3 个行政村，2011 年户籍人口 14 596 人，常住人口 16 681 人。水靠收集雨水和海水淡化供给，电由海底电缆从大陆引入。陆岛交通有客运码头和渔业码头，岛内交通有环岛公路。岛上建有影剧院、文化宫、图书馆、老年活动室、妇女活动中心、学校、通信发射塔等基础设施，有鹰嘴石森林公园和金沙滩浴场等自然景观。獐子岛渔业集团以此岛为基地，发展海水养殖、海洋捕捞、人工鱼礁、海洋牧场化建设、水产品深加工等海岛经济，是辽宁渔业经济发展第一岛。

偏鱼头 (Piānyútóu)

北纬 39°01.6′、东经 123°09.7′。位于黄海北部大连市长海县海洋乡海域，距海洋岛最近点 10 米。该岛表面平整，形似牙鲆鱼头，故名。岛体呈东北—西南走向，岸线长 149 米，面积 1 142 平方米，最高点高程 4 米。基岩岛，地势平坦，表面平缓，低潮时周边海域有裸露的岩礁，西侧与海洋岛连接。无土壤和植被。

伏牛坨子 (Fúniú Tuózi)

北纬 39°01.1′、东经 122°43.2′。位于黄海北部大连市长海县獐子岛镇海域，距獐子岛最近点 10 米。因该岛靠近伏牛圈屯而得名。《大连海域地名志》（1989）和《中国海域地名志》（1989）记为伏牛坨子岛，《中国海域地名图集》（1991）标注为伏牛坨子。岛体呈东北—西南走向，岸线长 202 米，面积 2 835 平方米，最高点高程 39.3 米。基岩岛，主要由绢云母片岩构成，四周岩壁陡峭，地势中间高、两端低，低潮时周边海域有岩礁裸露。该岛表层为风化层，土壤层较厚，顶部生长乔木、灌木及草本植物。周边海域为浮筏养殖区和底播增养殖区。

小伏牛坨子 (Xiǎofúniú Tuózi)

北纬 39°01.1′、东经 122°43.3′。位于黄海北部大连市长海县獐子岛镇海域，距獐子岛最近点 20 米。因邻近伏牛坨子、岛体较小而得名。又名伏牛小坨子岛。《大连海域地名志》（1989）和《中国海域地名志》（1989）记为伏牛小坨子岛，《中国海域地名图集》（1991）标注为小伏牛坨子。岛体呈南北走向，岸线长 118 米，面积 955 平方米，最高点高程 22 米。基岩岛，主要由绢云母片岩构成，北部宽南部窄，地势中部隆起四周坡缓，低潮时周边海域有岩礁裸露，北侧与獐子岛连接。海岛岩缝中有少量土壤，生长草本植物。有海岸工程与獐子岛连接，顶部建有临时简易小屋，住有海水养殖临时看护人员，水电从獐子岛引入。

西沟岛 (Xīgōu Dǎo)

北纬 39°00.9′、东经 122°43.8′。位于黄海北部大连市长海县獐子岛镇海域，距獐子岛最近点 10 米。因位于獐子岛西沟村附近而得名。岛体呈西北—东南走向，岸线长 61 米，面积 78 平方米，最高点高程 9 米。基岩岛，低潮时周边海域有岩礁裸露。海岛岩缝中有少量土壤，生长草本植物。

夹胡道 (Jiāhúdào)

北纬 39°00.7′、东经 122°44.8′。位于黄海北部大连市长海县獐子岛镇海域，距獐子岛最近点 40 米。因夹在东西两侧低潮高地之间而得名。《中国海域地名图集》（1991）标注为夹胡道。岛体呈东北—西南走向，岸线长 56 米，面积 139 平方米，最高点高程 3 米。基岩岛，低潮时周边海域有岩礁裸露，无土壤和植被。

大门顶 (Dàméndǐng)

北纬 38°56.0′、东经 122°44.7′。位于黄海北部大连市长海县獐子岛镇海域，为离岸孤岛，距獐子岛最近点 8.5 千米。因出海渔民归途望之如见家门之顶而得名。《中国海域地名志》（1989）记为大门顶。岸线长 30 米，面积 40 平方米，最高点高程 13 米。基岩岛，四周岩壁陡峭，低潮时周边海域有裸露的岩礁，无土壤和植被。

温坨子 (Wēn Tuózi)

北纬 39°47.9′、东经 121°27.7′。位于渤海大连瓦房店市海域，距红沿河镇最近点 740 米。因岛上曾住温姓居民而得名。《大连海域地名志》（1989）和《中国海域地名志》（1989）记为温坨子岛，《中国海域地名图集》（1991）和《全国海岛名称与代码》（2008）记为温坨子。岛体呈南北走向，岸线长 625 米，面积 0.020 5 平方千米，最高点高程 28.7 米。基岩岛，主要由花岗岩构成，地势中部高、四周坡缓，中间宽、南北尖窄。岛岸以基岩为主，多湾澳，发育有砂砾滩，低潮时周边海域岩礁裸露。表层土壤稀薄，主要生长草本植物，乔木和灌木较少。岛南部湾澳处建有木质高脚屋，住有季节性登岛游客和海水养殖临时看护人员，周边海域为底播增养殖区。

长兴岛韭菜坨子 (Chángxīngdǎo Jiǔcài Tuózi)

北纬 39°39.0′、东经 121°29.4′。位于渤海大连长兴岛临港工业区长兴岛街道海域，距长兴岛最近点 980 米。因岛上生长野生韭菜而得名韭菜坨子。后因省内重名，位于长兴岛街道，更为今名。岛体呈南北走向，岸线长 462 米，面积 0.010 9 平方千米，最高点高程 5 米。基岩岛，地势平坦，多被开发利用，自然岸线基本丧失。地表有土壤层，但植被稀少。由围海养殖堤坝与长兴岛连接，海岛原有地貌被海珍品苗种培育室、养殖堤坝所覆盖。周边海域为围海养殖区。

马家坨 (Mǎjiā Tuó)

北纬 39°38.8′、东经 121°30.1′。位于渤海大连长兴岛临港工业区长兴岛街道海域，距长兴岛最近点 860 米。因岛上住有马姓居民而得名。《大连海域地名志》（1989）和《中国海域地名志》（1989）记为马家坨岛，《中国海域地名图集》（1991）标注为马家坨。岛体呈南北走向，岸线长 3.08 千米，面积0.457 1 平方千米，最高点高程 21.5 米。基岩岛，主要由花岗岩构成，地势平坦，北部较宽，南部较窄。土壤层较厚，植被茂盛，主要生长灌木及草本植物，乔木相对较少。有居民海岛，由围海养殖堤坝与长兴岛连接。2011 年户籍人口109 人，常住人口 70 人，水靠地下井水提供，电从大陆引入。岛内外交通有公路连接，岛上建有商店、信号塔、海珍品苗种培育室和厂房等基础设施，种植农作物，周边海域为围海养殖区。

盼归岛 (Pànguī Dǎo)

北纬 39°38.7′、东经 121°30.5′。位于渤海大连长兴岛临港工业区长兴岛街道海域，距大陆最近点 1.58 千米，距长兴岛最近点 1.56 千米。该岛由两个高的礁石和多个较低礁石组成，像盼望亲人归来的家人，故名。岛体呈西北—东南走向，岸线总长 40 米，总面积 92 平方米，最高点高程 3.2 米。基岩岛，无土壤和植被。

双坨子 (Shuāng Tuózi)

北纬 39°37.4′、东经 121°25.1′。位于渤海大连长兴岛临港工业区长兴岛街道海域，距长兴岛最近点 790 米。因民间传说有"双坨镇鳌"神话故事而得名。《大连海域地名志》（1989）和《中国海域地名志》（1989）记为双坨子岛，国家测绘局地形图（1995）和《全国海岛名称与代码》（2008）记为双坨子。岛体由两个礁体组成，呈西北—东南走向，岸线长 140 米，面积 500 平方米，最高点高程 11.4 米。基岩岛，主要由花岗岩构成，四周岩壁陡峭，顶部平坦，低潮时周边海域有大面积裸露岩礁，裸露岩礁连接两个岛体，南部岛体有海底沙脊向海延伸。土壤层稀薄，生长草本植物。原为旅游用岛，建有两个游客听涛观海亭等设施，现已弃用。

苏坨子 (Sū Tuózi)

北纬 39°36.6′、东经 121°32.5′。位于渤海大连瓦房店市海域，距三台子满族乡最近点 630 米，距长兴岛最近点 690 米。当地俗称苏坨子。岛体呈东北—

西南走向，岸线长 466 米，面积 0.013 8 平方千米，最高点高程 1.7 米。基岩岛，地势较平缓，因填海造地，海岛面积变化较大。有薄层土壤，主要生长草本植物，乔木和灌木较少。由围海养殖堤坝与大陆连接。在西南填海形成的陆域上建有海珍品苗种培育室、办公楼、仓库等基础设施，住有苗种培育临时人员，水电从大陆引入，周边海域为围海养殖区。

狼哮岛 (Lángxiào Dǎo)

北纬 39°36.1′、东经 121°17.9′。位于渤海大连长兴岛临港工业区长兴岛街道海域，距长兴岛最近点 10 米。因岛体似向天狂哮的狼而得名。岛体呈西北—东南走向，岸线长 37 米，面积 78 平方米，最高点高程 27.9 米。基岩岛，四周岩壁陡峭，低潮时有裸露的岩礁和砂砾滩与长兴岛连接。无土壤和植被。

高脑子礁 (Gāonǎozi Jiāo)

北纬 39°36.0′、东经 121°17.7′。位于渤海大连长兴岛临港工业区长兴岛街道海域，距长兴岛最近点 20 米。因位于高脑子附近而得名。《中国海域地名图集》（1991）标注为高脑子礁。岛近椭圆形，呈东北—西南走向，岸线长 204 米，面积 2 608 平方米，最高点高程 18.9 米。基岩岛，周岩壁陡峭，低潮时有裸露的岩礁和砂砾滩与长兴岛连接。无土壤和植被。岛顶有小龙王庙，周边海域为底播增养殖区。

长兴岛 (Chángxīng Dǎo)

北纬 39°35.1′、东经 121°24.1′。位于渤海大连长兴岛临港工业区海域，距大陆最近点 240 米。该岛取长兴不衰之意而得名。唐称镇山岛，南宋称长松岛。明《辽东志》、明《全辽志》和清《盛京通志》记为长生岛；《辽宁省地名录》（1988）、《大连海域地名志》（1989）、《中国海域地名志》（1989）和《中国海域地名图集》（1991）均记为长兴岛。岛体呈东北—西南走向，岸线长 100.17 千米，面积 219.213 9 平方千米，最高点高程 328.7 米，为我国第五大岛，长江以北最大岛屿。基岩岛，主要由花岗岩构成，南部多山，峰峦叠嶂，沟谷交错，北部低洼平坦，以剥蚀构造型和剥蚀型地貌为主，海岸类型有基岩海岸、砂质海岸和人工海岸。土壤层较厚，植被繁茂，乔木以常绿针叶林、落叶阔叶林为主。

该岛为长兴岛临港工业区管委会所在地，南部和东部有跨海大桥与大陆连接。2011年户籍人口59 311人，常住人口59 988人，水电从大陆引入，岛内外交通有高速公路和环岛公路相连。早在距今五六千年前，长兴岛就有人类繁衍生息。春秋战国至清末，历代统治者都对长兴岛实施管辖。1996年经辽宁省人民政府批准，将岛上原三堂、横山两乡合并，设立长兴岛镇，隶属大连瓦房店市，1997年被国家体改委、民政部等批准为全国小城镇综合改革试点镇，2002年1月辽宁省人民政府批准为省级开发区，2005年设立长兴岛临港工业区。海岛经济原以渔业和农业为主，2005年后海岛产业转型升级，向港口和临港产业方向发展。

泡崖大坨子 (Pàoyá Dàtuózi)

北纬39°31.4′、东经121°30.3′。位于渤海大连瓦房店市海域，距泡崖乡最近点1.5千米。因岛体较大得名大坨子。因省内重名，位于泡崖乡，更为今名。《大连海域地名志》（1989）和《中国海域地名志》（1989）记为大坨子岛。岛体呈西北—东南走向，岸线长827米，面积0.033 2平方千米，最高点高程15.6米。基岩岛，主要由花岗岩构成，顶部平坦，四周岩壁陡峭。土壤层较厚，植被茂盛，主要生长灌木及草本植物，乔木较少。由围海养殖堤坝与大陆连接，岛上残留废弃建筑物，周边海域为围海养殖区。

鲁坨子 (Lǔ Tuózi)

北纬39°27.9′、东经121°23.5′。位于渤海大连长兴岛临港工业区长兴岛街道海域，距凤鸣岛最近点2.91千米。因岛上曾住有鲁姓居民而得名。岛体呈南北走向，岸线长1.15千米，面积0.054 5平方千米，最高点高程23.6米。基岩岛，南北狭长，东西窄，地势中部高、四周坡缓，以淤泥质岸线为主。土壤层较厚，植被茂盛，主要生长乔木和草本植物，灌木较少。由围海养殖堤坝与凤鸣岛和大陆连接。南侧有房屋残留，周边海域为围海养殖区。

骆驼岛 (Luòtuo Dǎo)

北纬39°27.6′、东经121°23.6′。位于渤海大连长兴岛临港工业区长兴岛街道海域，距交流岛最近点 980 米。因岛形似骆驼而得名，又名家雀岛。《大连海域地名志》（1989）和《中国海域地名志》（1989）记为家雀岛、骆驼岛，《中国海域地名图集》（1991）标注为家雀岛。岛体呈西北—东南走向，岸线长 4.57 千米，面积 0.908 2 平方千米，最高点高程 72 米。基岩岛，主要由花岗岩构成，西北较宽，东南稍窄，地势中部高、四周坡缓，岸线以淤泥质为主。土壤层较厚，植被茂盛，主要生长灌木及草本植物，乔木相对较少，为人工栽培的杨树和槐树等。

有居民海岛。2011 年户籍人口 229 人，常住人口 140 人。清末曾被沙俄租借。由围海养殖堤坝与凤鸣岛和大陆连接。水电主要从大陆引入，部分由地下井水和太阳能发电供给。岛内外交通由公路连接，岛上有商店、信号塔、冷库、宾馆和度假村等基础设施，有农业、水产加工业、养殖业、旅游业等相关产业。海岛经济以渔业和旅游业为主。

交流岛 (Jiāoliú Dǎo)

北纬 39°26.9′、东经 121°24.9′。位于渤海大连长兴岛临港工业区交流岛街道海域，距大陆最近点 400 米。因海岛东侧与内陆口门头间有一狭窄海峡，涨潮时海水在此汇集，形成绞流，汹涌澎湃，"交流"为"绞流"的谐音，由此得名。又因岛上有野生花椒树，又名花椒岛。《大连海域地名志》（1989）和《中国海域地名志》（1989）记为交流岛、花椒岛，《中国海域地名图集》（1991）标注为交流岛。岛体呈东西走向，岸线长 10.94 千米，面积 3.869 9 平方千米，最高点高程 92.3 米。基岩岛，主要由花岗岩构成，东西长，中部偏东较宽，偏西较窄，呈葫芦状，以泥质海岸为主，多滩涂。土壤层较厚。

为村级有居民海岛，2011 年户籍人口 1 343 人，常住人口 1 120 人。1982 年在马路村发现蛤皮地遗址，出土陶片和残石器，证明早在四五千年前人类就在此生息繁衍。清末（1898 年）曾被沙俄租借，后又（1905 年）转让给日本。海岛由围海养殖堤坝与大陆连接，水电从大陆引入，部分取自岛上淡水资源。岛内外交通由公路连接，岛上有学校、卫生所、商店、银行、邮局、通信发射塔、宾馆等基础设施，有机械加工、服装生产、水产品加工、养殖与旅游等相关产业。

2005 年后产业转型升级，海岛功能向港口和临港产业方向发展。

看牛坨子 (Kānniú Tuózi)

北纬 39°26.8′、东经 121°24.1′。位于渤海大连长兴岛临港工业区交流岛街道海域，距交流岛最近点 670 米。当地俗称看牛坨子。岛体呈扇形，岸线长 1.09 千米，面积 0.080 8 平方千米，最高点高程 124.7 米。基岩岛，地势中间高、四周坡缓。土壤层较厚，植被茂盛。由围海养殖堤坝与周边海岛和大陆连接，水从交流岛运送，电由交流岛引入。岛上有水产品养殖公司，建有厂房和办公设施，住有渔业生产与管理人员，周边海域为围海养殖区。

龟岛 (Guī Dǎo)

北纬 39°25.3′、东经 121°15.5′。位于渤海大连长兴岛临港工业区交流岛街道海域，距西中岛最近点 110 米。因岛体形似乌龟而得名。岛体呈西北—东南走向，岸线长 67 米，面积 272 平方米，最高点高程 4.8 米。基岩岛，四周岩壁陡峭，低潮时周边海域有裸露的岩礁，无土壤和植被。

西中岛 (Xīzhōng Dǎo)

北纬 39°25.1′、东经 121°17.5′。位于渤海大连长兴岛临港工业区交流岛街道海域，距大陆最近点 7.93 千米。因地处长兴岛、凤鸣岛等群岛的西中部而得名。《大连海域地名志》（1989）和《中国海域地名志》（1989）记为西中岛。岛体呈东北—西南走向，岸线长 52.43 千米，面积 40.967 6 平方千米，最高点高程 183.4 米。基岩岛，主要由花岗岩构成，南北狭长、东西较窄，地势西南高东北低，主峰双顶子山，南部多基岩海岸、有沙滩，北部多泥质滩涂。土壤层较厚，植被茂盛，主要生长灌木及草本植物，乔木相对较少。

该岛为村级有居民海岛，2011 年户籍人口 7 042 人，常住人口 6 500 人。清末曾被沙俄租借。由围海养殖堤坝与周边海岛和大陆连接。水电从大陆引入，部分取自地下井水，岛内外交通主要由公路和通水沟渔港与外界连接。岛上有学校、商店、通信发射塔、银行、邮局、宾馆和度假村等基础设施，有冷库、水产加工厂、海珍品苗种培育室等渔业设施，种有蔬菜、水果和谷物等农作物。2005 年后海岛经济向港口和临港产业方向转型。

海豚岛 (Hǎitún Dǎo)

北纬 39°24.9′、东经 121°15.1′。位于渤海大连长兴岛临港工业区交流岛街道海域，距西中岛最近点 290 米。因岛体似海豚跃出水面，故名。岛近南北走向，岸线长 31 米，面积 71 平方米，最高点高程 5.8 米。基岩岛，四周岩壁陡峭，无土壤和植被。

鹰头坨子 (Yīngtóu Tuózi)

北纬 39°24.1′、东经 121°17.9′。位于渤海大连长兴岛临港工业区交流岛街道海域，距西中岛最近点 230 米。因岛体形似鹰头而得名。《大连海域地名志》（1989）和《中国海域地名志》（1989）记为鹰头坨子岛，《全国海岛名称与代码》（2008）记为鹰头坨子。岛近方形，呈南北走向，岸线长 382 米，面积 7 546 平方米，最高点高程 18.6 米。基岩岛，主要由花岗岩构成，四周岩壁陡峭，岛顶发育土壤层，植被茂盛，主要生长草本植物，灌木较少。由围海养殖堤坝与周边海岛和大陆连接。连岛堤坝上有一处简易看海小屋，住有海水养殖临时看护人员，无水电供给，周边海域为围海养殖区。

凤鸣岛 (Fèngmíng dǎo)

北纬 39°24.0′、东经 121°22.5′。位于渤海大连长兴岛临港工业区交流岛街道海域，距大陆最近点 3.4 千米。传说古代岛民听凤凰报警而常免于海盗洗劫，后海盗射死凤凰，居民为纪念神鸟而得名。曾称焚木岛、坟门岛。《大连海域地名志》（1989）、《中国海域地名志》（1989）和《中国海域地名图集》（1991）记为凤鸣岛。岛体呈东北—西南走向，岸线长 36.9 千米，面积 46.12 平方千米，最高点高程 237.5 米。基岩岛，主要由花岗岩构成，中部多山，东、西、北部低洼，地貌类型以剥蚀构造型和剥蚀型为主，南岸多基岩，北、东北、西北多淤泥质海岸。地表主要为风化壳，有石英岩类棕壤性土，土质肥沃。

该岛为乡级有居民海岛，交流岛街道所在地，有 5 个行政村，2011 年户籍人口 7 279 人，常住人口 7 533 人。清末曾被沙俄租借。由围海养殖堤坝与大陆连接。水电从大陆引入，岛内外交通主要由公路、渔业码头与外界连接，民居主要集中在海岛西北和东侧沿岸，岛上有学校、广播站、文化站、医院、福利院、邮局、商店、通信发射塔等基础设施，有水产品加工、海珍品苗种培育室、冷库等渔业设施。2005 年后海岛经济向港口和临港产业转型。

鱼背岛 (Yúbèi Dǎo)

北纬 39°23.7′、东经 121°14.8′。位于渤海大连长兴岛临港工业区交流岛街道海域，距西中岛最近点 30 米。因岛体似出露的鱼背而得名。岛近东西走向，岸线长 142 米，面积 1 075 平方米，最高点高程 4.3 米。基岩岛，低潮时周边海域有裸露的岩礁，东侧有岩礁和海底沙脊与西中岛连接。无土壤和植被。

鱼饵岛 (Yú'ěr Dǎo)

北纬 39°23.7′、东经 121°14.7′。位于渤海大连长兴岛临港工业区交流岛街道海域，距西中岛最近点 90 米。因岛体形似鱼饵而得名。岛体呈东西走向，岸线长 32 米，面积 73 平方米，最高点高程 1.3 米。基岩岛，岛顶较尖如刀排列，无土壤和植被。

大高力坨子 (Dàgāolì Tuózi)

北纬 39°23.5′、东经 121°27.1′。位于渤海大连长兴岛临港工业区交流岛街道海域，距凤鸣岛最近点 1.62 千米。因曾有朝鲜人（即高丽人）居住，取其谐音，且比小高力坨子大而得名。《中国海域地名图集》（1991）和《全国海岛名称与代码》（2008）记为大高力坨子。岛体呈东北—西南走向，岸线长 395 米，面积 9 455 平方米，最高点高程 16 米。基岩岛，南部高、北部坡缓，四周岩壁陡峭。发育土壤层，生长灌木及草本植物，乔木较少。由围海养殖堤坝与周边海岛和大陆连接，水电从大陆引入。岛北侧由填海形成的陆域建有海珍品苗种培育室和办公设施，住有渔业生产和管理人员。岛上建有休闲步道，岛顶有休闲凉亭，周边海域为围海养殖区。

小高力坨子 (Xiǎogāolì Tuózi)

北纬 39°23.3′、东经 121°27.4′。位于渤海大连长兴岛临港工业区交流岛街道海域，距大陆最近点 3.93 千米，距凤鸣岛最近点 2.14 千米。因曾有朝鲜人（即高丽人）居住，取其谐音，且比大高力坨子小而得名。《中国海域地名图集》（1991）和《全国海岛名称与代码》（2008）记为小高力坨子。岛体呈东北—西南走向，岸线长 185 米，面积 2 128 平方米，最高点高程 15.1 米。基岩岛，四周岩壁陡峭，顶部平坦，以基岩海岸为主。有薄层土壤，生长灌木及草本植物。由围海养殖堤坝与周边海岛和大陆连接。

层岩岛 (Céngyán Dǎo)

北纬 39°23.5′、东经 121°14.7′。位于渤海大连长兴岛临港工业区交流岛街道海域，距西中岛最近点 10 米。岛体由多层岩石组成，故名。岛近东西走向，岸线长 75 米，面积 364 平方米，最高点高程 9.8 米。基岩岛，低潮时周边海域有岩礁裸露，无土壤和植被。

半拉岛子 (Bànlǎ Dǎozi)

北纬 39°23.2′、东经 121°30.1′。位于渤海大连瓦房店市海域，距谢屯镇最近点 640 米。因岛体不完整，当地俗称半拉岛子。岛近东西走向，岸线长 1.06 千米，面积 0.06 平方千米，最高点高程 48.6 米。基岩岛，北部高岸线陡峭，南部坡缓，海岛周边因填海形成的面积较大，无自然岸线，南部由填海形成的陆域与布鸽坨子连接。土壤层较厚，植被茂盛，主要生长草本植物，乔木和灌木较少。由围海养殖堤坝与大陆连接。在岛周边由填海形成的陆域上建有堆放生产和生活物资的厂房、多个海珍品苗种培育室和办公楼设施，住有海珍品苗种培育人员和渔业管理人员，水电从大陆引入，周边海域为围海养殖区。

布鸽坨子 (Bùgē Tuózi)

北纬 39°22.9′、东经 121°29.9′。位于渤海大连瓦房店市海域，距谢屯镇最近点 370 米。布鸽坨子为当地俗称。岛体呈东北—西南走向，岸线长 897 米，面积 0.048 5 平方千米，最高点高程 8 米。基岩岛，地势中间高，四周坡缓，西岸岩壁陡峭，东北部与半拉岛子间由填海形成的陆域连接。土壤层较薄，生长灌木及草本植物。由围海养殖堤坝与大陆连接。海岛北部在填海形成的陆域上建有堆放生产和生活物资的厂房、海珍品苗种培育室和办公楼，住有海珍品苗种培育人员，水电从大陆引入，周边海域为围海养殖区。

猫礁 (Māo Jiāo)

北纬 39°22.6′、东经 121°18.7′。位于渤海大连长兴岛临港工业区交流岛街道海域，距凤鸣岛最近点 480 米。因岛体似猫而得名。《中国海域地名图集》（1991）标注为猫礁。岛体呈西北—东南走向，岸线长 48 米，面积 162 平方米，最高点高程 1.3 米。基岩岛，有两块礁石低潮时相连，无土壤和植被。

猫礁二岛 (Māojiāo Èrdǎo)

北纬 39°22.7′、东经 121°18.8′。位于渤海大连长兴岛临港工业区交流岛街道海域，距猫礁最近点 270 米。该岛为猫礁周围的小岛之一，按距猫礁远近加序数得名。《中国海域地名图集》（1991）标注为猫礁。岛体呈东北—西南走向，岸线长 45 米，面积 148 平方米，最高点高程 0.7 米。基岩岛，地势低平，顶部凸起，常有海鸥栖息，岩壁上覆盖一层白色鸟粪。无土壤和植被。

猫礁三岛 (Māojiāo Sāndǎo)

北纬 39°22.7′、东经 121°18.8′。位于渤海大连长兴岛临港工业区交流岛街道海域，距猫礁最近点 260 米。该岛为猫礁周围的小岛之一，按距猫礁远近加序数得名。《中国海域地名图集》（1991）标注为猫礁。岛体呈东北—西南走向，岸线长 45 米，面积 139 平方米，最高点高程 1.7 米。基岩岛，地势低平，顶部突出，常有海鸥栖息，岩壁上覆盖一层白色鸟粪。无土壤和植被。

猫礁四岛 (Māojiāo Sìdǎo)

北纬 39°22.8′、东经 121°18.9′。位于渤海大连长兴岛临港工业区交流岛街道海域，距猫礁最近点 380 米。该岛为猫礁周围的小岛之一，按距猫礁远近加序数得名。《中国海域地名图集》（1991）标注为猫礁。岛体呈东北—西南走向，岸线长 58 米，面积 232 平方米，最高点高程 1.8 米。基岩岛，顶部较尖，常有海鸥栖息，岩壁上覆盖一层白色鸟粪，低潮时周边海域岩礁裸露。无土壤和植被。

小并岛 (Xiǎobìng Dǎo)

北纬 39°22.7′、东经 121°49.1′。位于渤海大连瓦房店市海域，距炮台镇最近点 360 米。岛形似烧饼，取其谐音而得名。《全国海岛名称与代码》（2008）记为小并岛，曾用名韭菜坨。岛体呈东北—西南走向，岸线长 349 米，面积 5 961 平方米，最高点高程 11 米。基岩岛，地表土壤层较厚，植被茂盛。由围海养殖堤坝与大陆连接，沈大高速公路跨海大桥引桥从该岛穿过。岛上建有小海神庙，周边海域为围海养殖区。

石砬子 (Shí Lázi)

北纬 39°22.7′、东经 121°16.5′。位于渤海大连长兴岛临港工业区交流岛街道海域，距西中岛最近点 30 米。该岛基岩裸露，当地称大的石块为砬子，故得名。《大连海域地名志》（1989）和《中国海域地名志》（1989）记为石砬子礁，《中国海域地名图集》（1991）标注为石砬子。由多个岛体组成，呈东北—西南走向，岸线长 60 米，面积 227 平方米，高程 4.2 米。基岩岛，主岛四周岩壁陡峭，低潮时周边海域有岩礁裸露，无土壤和植被。

里坨子 (Lǐ Tuózi)

北纬 39°22.5′、东经 121°42.7′。位于渤海大连瓦房店市海域，距复州湾镇最近点 120 米。当地俗称里坨子，又名把狗礁、巴狗礁。岛体呈西北—东南走向，岸线长 835 米，面积 0.034 1 平方米，最高点高程 22 米。基岩岛，地势西北高岸线陡峭，东南坡缓。有薄层土壤，主要生长灌木及草本植物，乔木较少。由围海养殖堤坝与大陆连接。岛东南部由填海形成的面积远大于原岛面积，在填海区建有水产品加工厂、海珍品养殖场、办公楼，住有渔业生产和渔业管理临时人员，水电从大陆引入，周边海域为围海养殖区。

地留星 (Dìliúxīng)

北纬 39°21.4′、东经 121°30.0′。位于渤海大连瓦房店市海域，距谢屯镇最近点 1.5 千米。因岛体似天空中坠落的星星而得名。《中国海域地名图集》（1991）和《全国海岛名称与代码》（2008）记为地留星。岛近圆形，岸线长 193 米，面积 2 612 平方米，最高点高程 16.4 米。基岩岛，四周岩壁陡峭，多海蚀穴，低潮时周边海域有岩礁裸露。顶部有薄层土壤，生长草本植物。

线麻坨子 (Xiànmá Tuózi)

北纬 39°20.7′、东经 121°31.9′。位于渤海大连瓦房店市海域，距谢屯镇最近点 1.83 千米。因岛上有野生线麻植物而得名。《大连海域地名志》（1989）、《中国海域地名志》（1989）记为线麻坨岛，《中国海域地名图集》（1991）标注为线麻坨子，《全国海岛名称与代码》（2008）记为线麻坨。岛体呈西北—

东南走向，岸线长 757 米，面积 0.031 平方千米，最高点高程 44 米。基岩岛，主要由花岗岩构成，中部凸起，四周坡缓，岩壁陡峭。土壤层稀薄，生长灌木及草本植物。由围海养殖堤坝与大陆连接。海岛东部由填海形成较大陆域，物料来源主要是炸岛取石。在填海形成的陆域上建有海珍品苗种培育室、堆放生产和生活物资的库房及办公楼，住有海珍品苗种培育和管理人员，水电从大陆引入，周边海域为围海养殖区。

黄瓜岛 (Huángguā Dǎo)

北纬 39°27.7′、东经 122°33.8′。位于黄海北部大连普兰店区海域，距城子坦镇最近点 700 米。因岛体形似黄瓜而得名。《大连海域地名志》（1989）和《中国海域地名志》（1989）记为黄瓜坨岛，《中国海域地名图集》（1991）标注为黄瓜岛。岛体呈东北—西南走向，岸线长 308 米，面积 4 648 平方米，最高点高程 18 米。基岩岛，主要由中生代花岗岩构成，岛体狭长，地表土壤层稀薄，生长草本植物。与黄瓜南岛间由堤坝连接，岛上有简易看海小屋和临时搭建的简易仓库，种有蔬菜等农作物，住有海水养殖临时看护人员，水电从大陆引入，周边海域为围海养殖区。

黄瓜南岛 (Huángguā Nándǎo)

北纬 39°27.6′、东经 122°33.8′。位于黄海北部大连普兰店区海域，距城子坦镇最近点 790 米。原与黄瓜岛统称为黄瓜岛，因位于黄瓜岛南边，第二次全国海域地名普查时命今名。岛近南北走向，岸线长 249 米，面积 3 501 平方米，最高点高程 18 米。基岩岛，主要由中生代花岗岩构成，岛体狭长，地表土壤层稀薄，生长草本植物。与黄瓜岛间由堤坝连接，岛西北侧由填海形成的陆域建有多间看海房屋，住有海水养殖临时看护人员，水电从大陆引入。西侧为围海养殖区。

马牙岛 (Mǎyá Dǎo)

北纬 39°23.4′、东经 122°25.6′。位于黄海北部大连普兰店区海域，距皮口镇最近点 3.85 千米。因岛体似马牙而得名。《大连海域地名志》（1989）、《中国海域地名志》（1989）、《中国海域地名图集》（1991）和《全国海岛名称与代码》（2008）均记为马牙岛。岛体呈南北走向，岸线长 2.09 千米，面积 0.160 3 平方千米，最高点高程 42.4 米。基岩岛,以中生代安山岩为主,地势南高北低,以基岩海岸为主,发育有沙滩。有沙壤土,淡水资源较丰富,植被茂密,主要生长灌木及草本植物,乔木较少。原为有居民海岛,现岛上无居民。残存清末时期民居,大都已荒废,有两处经修缮为渔民临时居住点,住有海水养殖和出海捕鱼临时人员。水由岛上淡水井供给,电靠电瓶提供,周边海域为渔业增养殖区。

东南礁 (Dōngnán Jiāo)

北纬 39°23.3′、东经 122°25.6′。位于黄海北部大连普兰店区海域,距马牙岛最近点 200 米。因位于马牙岛东南而得名。《中国海域地名图集》(1991)标注为东南礁。原由两个岛体组成,岛体呈不规则形状,东北—西南走向,岸线长 44 米,面积 148 平方米,最高点高程 7 米。基岩岛,低潮时周边海域有裸露岩礁,北侧有砂质岬角。无土壤和植被。

东南礁南岛 (Dōngnánjiāo Nándǎo)

北纬 39°23.2′、东经 122°25.6′。位于黄海北部大连普兰店区海域,距马牙岛最近点 200 米。原与东南礁统称为东南礁,因位于东南礁的南面,第二次全国海域地名普查时命今名。岛体呈东西走向,岸线长 12 米,面积 10 平方米,最高点高程 4 米。基岩岛,低潮时周边海域有裸露的岩礁,无土壤和植被。

牛心岛 (Niúxīn Dǎo)

北纬 39°22.4′、东经 122°21.3′。位于黄海北部大连普兰店区海域,距皮口镇最近点 1.8 千米。因岛体似牛心而得名。《大连海域地名志》(1989)、《中国海域地名志》(1989)和《中国海域地名图集》(1991)均记为牛心岛。岛体呈不规则形状,岸线长 2.57 千米,面积 0.127 3 平方千米,最高点高程 23.7 米。基岩岛,主要由片麻岩构成,地表土壤层稀薄,植被稀疏,主要生长灌木及草本植物。由堤坝与大陆连接,原岛面积较小,因周边开发需要进行了较大面积填海造地,填海面积远大于原海岛面积。岛上现有常住人口,建有办公楼、职工宿舍楼、饭店、商店、灯塔等基础设施。陆岛交通有连岛公路,南侧建有皮口港客货两用码头,西侧建有皮口中心渔港和渔港冷库,北侧建有海珍品苗种培育室,是普兰店区重点渔业区和长海县陆岛交通枢纽。

平岛 (Píng Dǎo)

北纬 39°20.2′、东经 122°20.3′。位于黄海北部大连普兰店区海域，距皮口镇最近点 3.85 千米。因地形平坦而得名。明《辽东志》和《全辽志》记为平岛；《大连海域地名志》（1989）、《中国海域地名志》（1989）、《中国海域地名图集》（1991）等均记为平岛。岛体呈梯形，东北—西南走向，岸线长 4.82 千米，面积 0.816 2 平方千米，最高点高程 30.9 米。基岩岛，主要由太古界片麻岩构成，地势东高西低，土壤主要为砂页岩、片岩类上发育的棕壤性土，植被茂密。

该岛为村级有居民海岛，2011 年户籍人口 650 人，常住人口 480 人。水电主要从大陆引入。陆岛交通有平岛客货码头，最大停靠能力 500 吨级。建有商店、小学、卫生所、环岛公路、海防林、气象观测站、海珍品苗种培育室、旅游度假村等基础设施。海岛经济以渔业为主，农业和旅游业为辅。目前，海岛居民逐步离岛上陆。

拉坨子 (Lā Tuózi)

北纬 39°20.1′、东经 122°20.5′。位于黄海北部大连普兰店区海域，距平岛最近点 50 米。拉坨子为当地俗称。岛体呈狭长形，南北走向，岸线长 329 米，面积 4 235 平方米，最高点高程 12 米。基岩岛，由片麻岩、角闪岩、变粒岩及石英岩构成，顶部较平坦，地貌主要为剥蚀低山丘，表层为风化层，发育较厚棕壤性土层，植被茂密，生长灌木及草本植物。由围海养殖堤坝与平岛、韭菜坨子相连。岛体北侧有人工开凿的石阶可登岛顶，周边海域为围海养殖区。

韭菜坨子 (Jiǔcài Tuózi)

北纬 39°19.8′、东经 122°20.4′。位于黄海北部大连普兰店区海域，距平岛最近点 300 米。因岛上生长野生韭菜而得名。《中国海域地名图集》（1991）和《全国海岛名称与代码》（2008）记为韭菜坨子。岛体呈长方形，西北—东南走向，岸线长 453 米，面积 0.013 4 平方千米，最高点高程 10.3 米。基岩岛，主要由砂岩、页岩构成，四周岩壁陡峭，顶部平坦，发育厚层棕壤性土，植被茂密，生长灌木及草本植物。由围海养殖堤坝与平岛、拉坨子连接。岛上有 4 处残留建筑，2 处为围海养殖临时看护人员使用，水电从平岛引入，周边海域为围海养殖区。

鱼眼礁 (Yúyǎn Jiāo)

北纬 39°19.6′、东经 122°20.6′。位于黄海北部大连普兰店区海域，距平岛最近点 600 米。因岛体似鱼的眼睛而得名。《中国海域地名图集》（1991）和《全国海岛名称与代码》（2008）记为鱼眼礁。岸线长 73 米，面积 223 平方米，最高点高程 12 米。基岩岛，四周岩壁陡峭，岩缝中有少量土壤，生长草本植物。

鱼眼礁北岛 (Yúyǎnjiāo Běidǎo)

北纬 39°19.6′、东经 122°20.5′。位于黄海北部大连普兰店区海域，距平岛最近点 600 米。原与鱼眼礁统称为鱼眼礁，因位于鱼眼礁北面，第二次全国海域地名普查时命今名。岸线长 48 米，面积 89 平方米，最高点高程 12 米。基岩岛，四周岩壁陡峭，岩缝中有少量土壤，生长草本植物。

五块石 (Wǔkuài Shí)

北纬 39°45.5′、东经 123°17.6′。位于黄海北部大连庄河市海域，距青堆镇最近点 2.3 千米。因由 5 块礁石组成而得名。《全国海岛名称与代码》（2008）记为 5 块石。岸线长 158 米，面积 1 571 平方米，最高点高程 20 米。基岩岛，岩缝中有少量土壤，主要生长灌木及草本植物，乔木较少。由围海养殖堤坝与大陆连接，因填海形成的陆域建有简易渔港、房屋、海珍品苗种培育室等，住有渔业生产临时人员，水电从大陆引入，周边海域为围海养殖区。

六块石 (Liùkuài Shí)

北纬 39°45.2′、东经 123°19.2′。位于黄海北部大连庄河市海域，距鞍子山乡最近点 3.48 千米。因由 6 块礁石组成而得名。《中国海域地名图集》（1991）和《全国海岛名称与代码》（2008）记为六块石。岸线长 347 米，面积 1 746 平方米，最高点高程 14.5 米。基岩岛，岩缝中有少量土壤，生长灌木及草本植物。岛上建有三处小海神庙，周边海域为围海养殖区。

老金坨 (Lǎojīn Tuó)

北纬 39°40.1′、东经 123°03.3′。位于黄海北部大连庄河市海域，距兰店乡最近点 250 米。老金坨为当地俗称。岛体呈弧形，岸线长 1.36 千米，面积 0.076 1 平方千米，最高点高程 22.3 米。基岩岛，地表土壤层稀薄，主要生长草本植物，乔木和灌木较少。由围海养殖堤坝与大陆连接，岛上有海珍品苗种培育室，顶部有小海神庙和废弃房屋，种有大棚蔬菜和农作物，住有渔业生产和农业生产临时人员。周边海域为围海养殖区。

盘坨子 (Pán Tuózi)

北纬 39°40.0′、东经 123°05.0′。位于黄海北部大连庄河市海域，距兰店乡最近点 460 米。盘坨子为当地俗称。《中国海域地名图集》（1991）标注为盘坨子。岛近南北走向，岸线长 545 米，面积 0.012 6 平方千米，最高点高程 12 米。基岩岛，地表土壤层稀薄，生长灌木及草本植物。由围海养殖堤坝与大陆连接。岛上有一处二层小楼，住有海水养殖临时看护人员，种有农作物和蔬菜，水电从大陆引入。周边海域为围海养殖区。

小孤坨子 (Xiǎogū Tuózi)

北纬 39°39.9′、东经 123°02.3′。位于黄海北部大连庄河市海域，距兰店乡最近点 320 米。小孤坨子为当地俗称。岛体呈东西走向，岸线长 405 米，面积 0.010 6 平方千米，最高点高程 27.6 米。基岩岛，地表土壤层稀薄，主要生长有草本植物。由围海养殖堤坝与大陆连接，岛上由填海形成的陆域建有海珍品苗种培育室、生活与办公房屋，住有渔业生产临时人员，水电从大陆引入。周边海域为围海养殖区。

金坨子前礁 (Jīntuózi Qiánjiāo)

北纬 39°39.9′、东经 123°03.4′。位于黄海北部大连庄河市海域，距兰店乡最近点 680 米。因位于老金坨前而得名。《中国海域地名图集》（1991）标注为金坨子前礁。岛体呈东西走向，岸线长 45 米，面积 132 平方米，最高点高程 8 米。基岩岛，低潮时周边海域暗礁裸露，无土壤和植被。

团坨 (Tuán Tuó)

北纬 39°39.9′、东经 123°05.0′。位于黄海北部大连庄河市海域，距兰店乡最近点 720 米。团坨为当地俗称。岛体呈东北—西南走向，岸线长 536 米，面积 0.016 9 平方千米，最高点高程 5 米。基岩岛，地表土壤层稀薄，主要生长草本植物，乔木和灌木较少。由围海养殖堤坝与大陆连接，有炸岛痕迹。海岛周边为围海养殖区。

小双坨 (Xiǎoshuāng Tuó)

北纬 39°39.8′、东经 123°08.7′。位于黄海北部大连庄河市海域，距黑岛镇最近点 120 米。该处原有两岛南北并排合称小双坨，后南侧海岛消失，该岛直接定名为小双坨。《中国海域地名图集》（1991）标注为小双坨。岛体呈西北—东南走向，岸线长 66 米，面积 256 平方米，最高点高程 11.2 米。基岩岛，四周岩壁陡峭，顶部岩缝中有少量土壤，生长草本植物。

骆驼石 (Luòtuo Shí)

北纬 39°39.5′、东经 122°59.8′。位于黄海北部大连庄河市海域，距大郑镇最近点 680 米。因岛体形似骆驼而得名。《大连海域地名志》（1989）记为骆驼礁，《中国海域地名图集》（1991）标注为骆驼石。岸线长 22 米，面积 34 平方米，最高点高程 1.8 米。基岩岛，由震旦系片岩组成，岩缝中有少量土壤，生长草本植物。

海鸥岛 (Hǎi'ōu Dǎo)

北纬 39°39.5′、东经 122°59.4′。位于黄海北部大连庄河市海域，距城关街道最近点 180 米。因岛上海鸥较多而得名。岸线长 93 米，面积 314 平方米，最高点高程 1.9 米。基岩岛，岩石裸露，四周岩壁陡峭，岩缝中有少量土壤，生长草本植物。

南岛 (Nán Dǎo)

北纬 39°39.2′、东经 123°08.4′。位于黄海北部大连庄河市海域，距黑岛镇最近点 150 米。因地处樱桃山南端而得名，因地形似鳖又名鳖脖子。《大连海域地名志》（1989）和《中国海域地名志》（1989）、《中国海域地名图集》（1991）和《全国海岛名称与代码》（2008）均记为南岛。岛体呈南北走向，岸线长 429 米，面积 6 952 平方米，最高点高程 20 米。基岩岛，四周岩壁陡峭，地表有薄层土壤，主要生长草本植物，乔木和灌木较少。由围海养殖堤坝与大陆连接。岛上有砖砌看海小屋，住有海水养殖临时看护人员，种有蔬菜、农作物和人工林，周边海域为围海养殖区。

斜塔岛 (Xiétǎ Dǎo)

北纬 39°39.1′、东经 123°08.7′。位于黄海北部大连庄河市海域，距黑岛镇最近点 480 米。因岛体似倾斜的宝塔，故名。岛体呈西北—东南走向，岸线长 74 米，面积 352 平方米，最高点高程 2.4 米。基岩岛，四周岩壁陡峭，地表土壤层稀薄，生长草本植物。

珠链岛 (Zhūliàn Dǎo)

北纬 39°39.1′、东经 123°08.4′。位于黄海北部大连庄河市海域，距黑岛镇最近点 400 米。因岛形似珠链且一字排列，故名。岛体呈西北—东南走向，岸线长 222 米，面积 1 650 平方米，最高点高程 1.2 米。基岩岛，无土壤和植被。

蛤蜊岛 (Gélí Dǎo)

北纬 39°38.8′、东经 123°02.0′。位于黄海北部大连庄河市海域，距兰店乡最近点 1.96 千米。因周边海域盛产蛤蜊而得名。明《辽东志》和《全辽志》记载为蛤蜊岛；《大连海域地名志》（1989）、《中国海域地名志》（1989）和《中国海域地名图集》（1991）均记为蛤蜊岛。岛体呈不规则形状，东西走向，岸线长 3.22 千米，面积 0.427 1 平方千米，最高点高程 115.2 米。基岩岛，由前震旦系安山岩组成，多悬崖，东侧礁石拔海凌波，如列屏障；南部海岸发育有砂砾滩。地表为风化层，土壤层较厚，植被茂密。岛上有常住人口，水主要从大陆引入，电主要靠太阳能发电。陆岛交通有堤坝与大陆连接，岛内各景区由环岛公路相连。蛤蜊岛是庄河市重点旅游景区，列入国家首批开发利用无居民海岛名录。主要有蛤蜊岛广场、雕塑群、寺庙、影视基地、宾馆、农家院等旅游设施，有海滨浴场、海蚀地貌、人工林与自然林风景等自然景观，周边海域为底播增养殖区。

棒槌坨 (Bàngchui Tuó)

北纬 39°38.8′、东经 123°07.7′。位于黄海北部大连庄河市海域，距黑岛镇最近点 940 米。因岛体形似棒槌而得名。岛近椭圆形，岸线长 27 米，面积 51 平方米，最高点高程 4.7 米。基岩岛，四周岩壁陡峭，岩缝中有少量土壤，生长草本植物。

观音壁 (Guānyīnbì)

北纬 39°38.7′、东经 123°02.5′。位于黄海北部大连庄河市海域，距兰店乡最近点 2.54 千米。位于观音岛前，且形状似壁，故名。岛体呈西北—东南走向，岸线长 201 米，面积 816 平方米，最高点高程 6.5 米。基岩岛，四周岩壁陡峭，低潮时有裸露的砂砾滩与蛤蜊岛和观音岛连接，岛体岩缝中有少量土壤，生长灌木及草本植物。

观音岛 (Guānyīn Dǎo)

北纬 39°38.6′、东经 123°02.6′。位于黄海北部大连庄河市海域，距兰店乡最近点 2.75 千米。因岛形似坐莲观音而得名。岛体呈西北—东南走向，岸线长 32 米，面积 72 平方米，最高点高程 5 米。基岩岛，四周岩壁陡峭，低潮时有裸露的砂砾滩和礁石与观音壁连接。岛体岩缝中有少量土壤，生长草本植物。

东小蛤蜊岛 (Dōngxiǎogélí Dǎo)

北纬 39°38.6′、东经 123°02.9′。位于黄海北部大连庄河市海域，距兰店乡最近点 2.98 千米。因位于蛤蜊岛东侧、面积较小而得名。岛体呈西北—东南走向，由多个岛体组成，岸线长 50 米，面积 164 平方米，最高点高程 1.7 米。基岩岛，四周岩石裸露，无土壤和植被。

白坨子 (Bái Tuózi)

北纬 39°38.3′、东经 123°04.4′。位于黄海北部大连庄河市海域，距兰店乡最近点 3.59 千米。因岛体呈灰白色而得名，又名白坨子岛、半坨子、半坨子岛。《大连海域地名志》（1989）、《中国海域地名志》（1989）记为白坨子岛；《中国海域地名图集》（1991）和《全国海岛名称与代码》（2008）记为白坨子。原与白坨子一岛和白坨子二岛统称为白坨子，第二次全国海域地名普查时将该岛定名为白坨子。岛近菱形，岸线长 281 米，面积 2 900 平方米，最高点高程 12.1 米。基岩岛，由片麻岩组成，地层属太古界鞍山群城子坦组，侵蚀剥蚀低丘地貌类型，四周岩石裸露，西北部发育有贝壳滩。表层为风化层，岛顶部有酸性岩类上发育的棕壤性土，主要生长草本植物，乔木和灌木较少。岛顶部建有砖砌看海小屋和大地控制点标志，种有蔬菜，住有海水养殖临时看护人员，水从大陆运送，电由小型风力发电供给。该岛位于庄河至丹东的主航道上，是船舶航行时的重要标志。

白坨子一岛 (Báituózi Yīdǎo)

北纬 39°38.3′、东经 123°04.1′。位于黄海北部大连庄河市海域，距兰店乡最近点 3.67 千米。该岛为白坨子周围小岛之一，由远及近，加序数得名。岸线长 45 米，面积 127 平方米，最高点高程 2.7 米。基岩岛，岩石裸露，无土壤和植被。

白坨子二岛 (Báituózi Èrdǎo)

北纬 39°38.3′、东经 123°04.2′。位于黄海北部大连庄河市海域，距兰店乡大陆最近点 3.66 千米。该岛为白坨子周围小岛之一，由远及近，加序数得名。岛体呈东西走向，岸线长 51 米，面积 173 平方米，最高点高程 4.1 米。基岩岛，岛岸陡峭，岩石裸露，无土壤和植被。

老人石 (Lǎorén Shí)

北纬 39°37.5′、东经 123°17.1′。位于黄海北部大连庄河市海域，距黑岛镇最近点 7.7 千米。远离大陆的孤岛，因远瞻形似老人身着青衣矗立海上而得名。又名虾螳礁。《大连海域地名志》（1989）、《中国海域地名志》（1989）记为老人石礁，《全国海岛名称与代码》（2008）记为老虾螳礁。岸线长 29 米，面积 61 平方米，最高点高程 8.2 米。基岩岛，由震旦系片麻岩组成，地貌类型为圆顶状侵蚀低丘，无土壤和植被。中日甲午战争时，林永升率经远舰重创日舰后，沉没于该海域，是甲午近代海战沉船遗址。该岛为船舶出海航行的天然航标，周边海域是传统的渔业生产区。

庄河将军石南岛 (Zhuānghé Jiāngjūnshí Nándǎo)

北纬 39°37.1′、东经 122°58.5′。位于黄海北部大连庄河市海域，距昌盛街道最近点 830 米。岛近南北走向，岸线长 21 米，面积 30 平方米，最高点高程 5.7 米。基岩岛，由震旦系灰色片麻岩组成，四周岩壁陡峭，岩缝中有少量土壤，生长草本植物。

狗岛 (Gǒu Dǎo)

北纬 39°34.9′、东经 122°46.5′。位于黄海北部大连庄河市海域，距大郑镇最近点 50 米。因岛体似狗而得名。《中国海域地名图集》（1991）标注为狗岛。

岛体呈菱形，东北—西南走向，岸线长 261 米，面积 3 758 平方米，最高点高程 12.4 米。基岩岛，地表土壤层稀薄，主要生长草本植物，乔木和灌木较少。由围海养殖堤坝与大陆连接。岛周边由填海形成的陆地建有海珍品苗种培育室及办公厂房等，住有海水养殖和苗种培育临时人员，水电从大陆引入。周边海域为围海养殖区。

张大坨 (Zhāng Dàtuó)

北纬 39°34.2′、东经 122°46.7′。位于黄海北部大连庄河市海域，距大郑镇最近点 200 米。以当地群众惯称得名。《中国海域地名图集》（1991）标注为张大坨。岛体呈西北—东南走向，岸线长 239 米，面积 2 714 平方米，最高点高程 7.5 米。基岩岛，地表土壤层稀薄，主要生长草本植物，乔木和灌木较少。东部有一处简易房屋及护墙，住有海水养殖临时看护人员。

张二坨 (Zhāng Èrtuó)

北纬 39°34.2′、东经 122°46.3′。位于黄海北部大连庄河市海域，距大郑镇最近点 70 米。以当地群众惯称得名。《中国海域地名图集》（1991）标注为张二坨。岛近南北走向，岸线长 147 米，面积 917 平方米，最高点高程 8.5 米。基岩岛，顶部土壤层稀薄，生长少量草本植物和灌木。

西雀岛 (Xīquè Dǎo)

北纬 39°33.4′、东经 122°44.1′。位于黄海北部大连庄河市海域，距大郑镇最近点 80 米。以当地群众惯称得名。岸线长 55 米，面积 224 平方米，最高点高程 11.2 米。基岩岛，四周岩壁陡峭，顶部土壤层较薄，生长草本植物。

鳄头石岛 (Ètóushí Dǎo)

北纬 39°33.4′、东经 122°58.4′。位于黄海北部大连庄河市海域，距石城岛最近点 80 米。因岛体形似鳄鱼头而得名。岸线长 43 米，面积 131 平方米，最高点高程 2 米。基岩岛，四周岩壁陡峭，无土壤和植被。

吕家亮子 (Lǚjiāliàngzi)

北纬 39°33.4′、东经 122°44.9′。位于黄海北部大连庄河市海域，距大郑镇最近点 130 米。以当地群众惯称得名。基岩岛，由两个岛体组成，岸线长 88 米，面积 426 平方米，最高点高程 6 米。无土壤和植被。

尖尖礁 (Jiānjiān Jiāo)

北纬 39°33.1′、东经 122°56.5′。位于黄海北部大连庄河市石城乡海域，距石城岛最近点 1.7 千米。因岛体顶端较尖而得名。《大连海域地名志》（1989）、《中国海域地名志》（1989）和《全国海岛名称与代码》（2008）均记为黑礁、尖尖礁。岸线长 65 米，面积 311 平方米，最高点高程 9.6 米。基岩岛，由片麻岩组成，低潮时有裸露的岩礁和沙脊与徐坨子岛连接，无土壤和植被。

干岛 (Gān Dǎo)

北纬 39°33.0′、东经 122°43.3′。位于黄海北部大连庄河市海域，距大郑镇最近点 170 米。因该岛干旱而得名。《大连海域地名志》（1989）、《中国海域地名志》（1989）和《中国海域地名图集》（1991）均记为干岛。岛近长方形，呈西北—东南走向，岸线长 1.89 千米，面积 0.152 6 平方千米，最高点高程 25 米。基岩岛，由片麻岩组成，地表土壤层较厚，乔木以槐树为主。由填海形成的陆域建有海珍品苗种培育室、生活与堆放物资的房屋，住有海水养殖和苗种培育临时人员，水电从大陆引入。海岛北部为围海养殖区。

大拉子南岛 (Dàlāzi Nándǎo)

北纬 39°32.9′、东经 123°00.8′。位于黄海北部大连庄河市石城乡海域，距石城岛最近点 150 米。岸线长 358 米，面积 1 136 平方米，最高点高程 9 米。基岩岛，四周岩壁陡峭，顶部有少量土壤，生长草本植物。

大拉子西小岛 (Dàlāzi Xīxiǎo Dǎo)

北纬 39°32.9′、东经 123°00.6′。位于黄海北部大连庄河市石城乡海域，距石城岛最近点 200 米。岸线长 38 米，面积为 60 平方米，最高点高程 5 米。基岩岛，无土壤和植被。

青鱼坨子 (Qīngyú Tuózi)

北纬 39°32.9′、东经 123°02.4′。位于黄海北部大连庄河市石城乡海域，距石城岛最近点 1.7 千米。因海岛周边盛产青鱼而得名。明《辽东志》和《全辽志》记为青鱼岛；《大连海域地名志》（1989）记为青鱼坨子岛，《中国海域地名图集》

（1991）和《全国海岛名称与代码》（2008）记为青鱼坨子。岛体呈东北—西南走向，岸线长 756 米，面积 0.029 8 平方千米，最高点高程 33.6 米。基岩岛，由片麻岩组成，地貌类型主要为剥蚀低丘，顶部较平，南部稍陡。四周基岩出露，发育海蚀崖和海蚀平台，东北角发育海蚀柱，西南和东北部有贝壳滩。地表土壤层较厚，植被茂盛，主要生长灌木及草本植物，西侧边坡处有少量针叶林。岛南部有简易房屋，屋旁种有蔬菜，住有海水养殖临时看护人员，水从大陆运送，电靠发电机供给。周边海域为底播增养殖区。

棺材石 （Guāncái Shí）

北纬 39°32.6′、东经 122°42.3′。位于黄海北部大连庄河市海域，距明阳镇最近点 270 米。因岛体形似棺材而得名。由多个礁体组成，岸线长 74 米，面积 381 平方米，最高点高程 1.8 米。基岩岛，岩石裸露，无土壤和植被。

徐坨子 （Xú Tuózi）

北纬 39°32.6′、东经 122°56.5′。位于黄海北部大连庄河市石城乡海域，距石城岛最近点 920 米。因岛上曾住有徐姓人家而得名。《大连海域地名志》（1989）、《中国海域地名图集》（1991）和《全国海岛名称与代码》（2008）记为徐坨子。岛体呈三角形，岸线长 445 米，面积 7 205 平方米，最高点高程 15.6 米。基岩岛，由片麻岩组成。地势平坦，有 3 个山嘴分别面向南部、西北部、东北部，东南部、北部、西南部海岸均有沙滩发育，低潮时东南部沙岗可向海延伸 200 多米。有薄层土壤，主要生长草本植物，乔木和灌木较少。

小徐岛 （Xiǎoxú Dǎo）

北纬 39°32.5′、东经 122°56.6′。位于黄海北部大连庄河市石城乡海域，距石城岛最近点 730 米。因位于徐坨子附近且面积较小而得名。岸线长 118 米，面积 598 平方米，最高点高程 5 米。基岩岛，无土壤和植被。

尹大岛 （Yǐndà Dǎo）

北纬 39°32.0′、东经 122°41.5′。位于黄海北部大连庄河市海域，距明阳镇最近点 160 米。该岛体大得名大岛。因省内重名，且位于尹家村附近，更为今名。《中国海域地名志》（1989）、《中国海域地名图集》（1991）和《全国海岛名称与代码》（2008）记为大岛。岸线长 51 米，面积 157 平方米，最高点高程 12 米。基岩岛，由石灰岩组成，岩缝中有少量土壤，顶部生长草本植物。

行人坨子 (Xíngrén Tuózi)

北纬 39°31.7′、东经 123°02.6′。位于黄海北部大连庄河市石城乡海域，距石城岛最近点 1 千米。因海岛东西有似行人的海蚀柱而得名。《大连海域地名志》（1989）记载为行人坨子岛，《中国海域地名图集》（1991）和《全国海岛名称与代码》（2008）记为行人坨子。岛体呈不规则形状，岸线长 573 米，面积 0.012 5 平方千米，最高点高程 10 米。基岩岛，由片麻岩组成，周边发育海蚀柱，地表土壤层稀薄，主要生长草本植物，乔木和灌木较少。

东双岛 (Dōngshuāng Dǎo)

北纬 39°31.6′、东经 122°41.4′。位于黄海北部大连庄河市海域，距明阳镇最近点 170 米。两岛并立合为一双，该岛位于东侧，故名。岛近东西走向，岸线长 71 米，面积 218 平方米，最高点高程 5 米。基岩岛，顶部有薄层土壤，生长草本植物。

西双岛 (Xīshuāng Dǎo)

北纬 39°31.6′、东经 122°41.3′。位于黄海北部大连庄河市海域，距明阳镇最近点 70 米。两岛并立合为一双，该岛位于西侧，故名。岛体呈不规则形状，岸线长 89 米，面积 579 平方米，最高点高程 4 米。基岩岛，地表发育薄层土壤，生长草本植物。

石城岛 (Shíchéng Dǎo)

北纬 39°31.5′、东经 122°59.0′。位于黄海北部大连庄河市海域，距大陆最近点 6.32 千米。因岛上有古石城遗址而得名。据《庄河县志》载，此处为清初尚藩屯兵处。明《辽东志》和《全辽志》记为石城岛；《辽宁省地名录》（1988）、《大连海域地名志》（1989）、《中国海域地名志》（1989）和《全国海岛名称与代码》（2008）均记为石城岛。岛体呈 "V" 形，凹口向北，岸线长 33.91 千米，面积 26.349 平方千米，最高点高程 216.6 米。基岩岛，地势北部低而平坦，南部高而陡峭。地表发育棕壤性土和草甸类土，植被覆盖率较低，生长乔木、灌木和草本植物，乔木以阔叶林、针叶林和落叶阔叶林为主。

该岛是石城乡人民政府所在地。有 6 个行政村，45 个居民组，2011 年户籍人口 9 986 人，常住人口 13 100 人。居民用水主要依靠岛上淡水和海水淡化，电由海底电缆从大陆引入。陆岛交通有客货码头，岛内交通有环岛公路。岛上建有医院、邮局、学校、供电、通信发射塔等基础设施，有休闲度假村、滨海浴场、石城公园、寺庙、石城古遗迹等自然和人文景观。

大岛 (Dà Dǎo)

北纬 39°31.5′、东经 122°41.4′。位于黄海北部大连庄河市海域，距明阳镇最近点 30 米。因岛体较大而得名。《大连海域地名志》（1989）、《中国海域地名志》（1989）、《中国海域地名图集》（1991）和《全国海岛名称与代码》（2008）均记为大岛。岛体呈东北—西南走向，岸线长 332 米，面积 2 788 平方米，最高点高程 10 米。基岩岛，由震旦系石灰岩组成，表层为风化层，顶部土壤层较厚，主要为残积物上发育的草垫棕壤土，生长灌木及草本植物。由围海养殖堤坝与大陆连接，岛上有两处平房及一座小院，屋旁种有蔬菜，住有海水养殖临时看护人员，水电从大陆引入。周边海域为围海养殖区。

城子山 (Chéngzi Shān)

北纬 39°31.4′、东经 122°41.3′。位于黄海北部大连庄河市海域，距明阳镇大陆最近点 50 米。因岛上有高句丽时期的山城遗址而得名。明《辽东志》、明《全辽志》和清《盛京通志》记为城子山；《大连海域地名志》（1989）和《中国海域地名志》（1989）记为城子山岛，《全国海岛名称与代码》（2008）记为城子山。岛近南北走向，岸线长 444 米，面积 9 591 平方米，最高点高程 21 米。基岩岛，由震旦系灰色片麻岩组成，四周岩壁陡峭，表层为风化层，顶部发育薄层土壤，主要生长灌木及草本植物，乔木较少。由围海养殖堤坝与大陆连接，周边海域为围海养殖区。

城子山西岛 (Chéngzishān Xīdǎo)

北纬 39°31.4′、东经 122°41.2′。位于黄海北部大连庄河市海域，距明阳镇最近点 50 米。因位于城子山西侧而得名。岸线长 23 米，面积 43 平方米，最高点高程 5 米。基岩岛，由震旦系灰色片麻岩组成，四周岩壁陡峭，岩缝中有少量土壤，生长草本植物。

尖大坨 (Jiān Dàtuó)

北纬 39°30.9′、东经 122°39.3′。位于黄海北部大连庄河市明阳镇海域，距大陆最近点 1.17 千米。因在附近海域岛体较大而得名。《大连海域地名志》（1989）和《中国海域地名志》（1989）记为尖大坨岛，《中国海域地名图集》（1991）和《全国海岛名称与代码》（2008）记为尖大坨。岛体呈东北—西南走向，岸线长 371 米，面积 7 266 平方米，最高点高程 19.1 米。基岩岛，主要由震旦系灰色片麻岩构成，地表土壤层较薄，主要生长草本植物，灌木较少。有土地庙和残留房屋。

尖二坨 (Jiān Èrtuó)

北纬 39°31.0′、东经 122°38.4′。位于黄海北部大连庄河市明阳镇海域，距大陆最近点 560 米。因较尖大坨小而得名。《大连海域地名志》（1989）和《中国海域地名志》（1989）记为尖二坨岛，《中国海域地名图集》（1991）标注为尖二坨。岛体呈西北—东南走向，岸线长 263 米，面积 1 774 平方米，最高点高程 16.9 米。基岩岛，主要由前震旦系灰色片麻岩构成，地层属太古界鞍山群城子坦组。表层为风化层，主要为酸性岩类上发育的棕壤性土，生长灌木及草本植物。由围海养殖堤坝与大陆连接。岛上由填海形成的陆域建有养殖看护房屋、海珍品苗种培育室，住有海水养殖和苗种培育临时人员，周边海域为围海养殖区。岛体因炸岛填海破坏较大。

黑白礁 (Hēibái Jiāo)

北纬 39°30.8′、东经 123°06.4′。位于黄海北部大连庄河市王家镇海域，距大陆最近点 15.73 千米。因部分岛体呈黑白两色而得名。《大连海域地名志》（1989）、《中国海域地名志》（1989）和《中国海域地名图集》（1991）均记为黑白礁。岛体呈东西走向，岸线长 112 米，面积 373 平方米，最高点高程 3.5 米。基岩岛，由石英岩和片麻岩构成。礁石重叠，底部宽顶端略尖，四周岩壁陡峭，低潮时周边海域岩礁裸露，无土壤和植被。

灰菜坨子 (Huīcài Tuózi)

北纬 39°30.6′、东经 122°55.8′。位于黄海北部大连庄河市石城乡海域，距石城岛最近点 1.5 千米。因岛上生长野灰菜而得名，曾名灰水坨子。又因岛上某处用脚踩踏能发出回响，当地俗称回响坨子。《大连海域地名志》（1989）记载为灰菜坨子岛，《全国海岛名称与代码》（2008）记为灰菜坨子。岛体呈西北—东南走向，岸线长度 611 米，面积 0.017 8 平方千米，最高点高程 21.3 米。基岩岛，主要由片麻岩构成，西南部和北部发育有沙滩，顶部发育有风化壳，土壤层较薄，主要生长菊科灰菜等草本植物，乔木和灌木较少。有简易看海小屋，屋旁种有蔬菜，住有海水养殖临时看护人员，周边海域为底播增养殖区。

小王家岛 (Xiǎowángjiā Dǎo)

北纬 39°30.4′、东经 123°06.3′。位于黄海北部大连庄河市王家镇海域，距大陆最近点 15.83 千米。扼守长山群岛北部前哨，战略位置重要。因与大王家岛对应而得名。《辽宁省地名录》（1988）、《大连海域地名志》（1989）、《中国海域地名志》（1989）和《全国海岛名称与代码》（2008）均记为小王家岛。岛体呈南北走向，岸线长 3.28 千米，面积 0.349 8 平方千米，最高点高程 82.9 米。基岩岛，主要由片麻岩构成，四周岩壁陡峭，地势高坡缓。地表土壤层稀薄，主要生长草本植物和灌木，乔木较少。岛上有海珍品苗种培育室和堆放物资的房屋，住有海水养殖和苗种培育临时人员，常住人口 20 余人，水靠岛上淡水资源供给，电由海底电缆从大陆引入。岛上有大地控制点标志、佛龛，种有蔬菜和果树，周边海域为底播增养殖区。

东南坨子 (Dōngnán Tuózi)

北纬 39°30.2′、东经 123°06.3′。位于黄海北部大连庄河市王家镇海域，距大陆最近点 16.77 千米。因位于小王家岛东南侧而得名。《大连海域地名志》（1989）记为东南坨子岛，《中国海域地名图集》（1991）标注为东南坨子。岛体呈东北—西南走向，岸线长 370 米，面积 7 487 平方米，最高点高程 39.1 米。基岩岛，主要由片麻岩构成，东南侧岩石陡峭，顶部有土壤层，生长草本植物。

寿龙岛 (Shòulóng Dǎo)

北纬 39°29.9′、东经 123°03.3′。位于黄海北部大连庄河市王家镇海域，距大陆最近点 14.08 千米。岛上有一条纵贯全岛的弯曲山脉，山峰尖窄瘦瘠，植被覆盖稀疏，岩石裸露，宛若一条瘦弱的巨龙，故称"瘦龙岛"。后因"瘦"字不雅，改为"寿"字而得今名。《辽宁省地名录》(1988)、《大连海域地名志》(1989)、《中国海域地名志》(1989)和《全国海岛名称与代码》(2008)均记为寿龙岛。岛体呈不规则月牙状，南北走向，岸线长 7.65 千米，面积 1.047 8 平方千米，最高点高程 118.2 米。基岩岛，主要由片麻岩构成，岛上山脊瘦薄，岩石裸露，地势两端高中间稍低缓。西北岸山麓和北海岸各有一泉眼，高潮泉水被淹没，低潮干出。地表土壤层较薄，主要生长乔木和草本植物，乔木以针叶林、落叶阔叶林为主。

有居民海岛。2011 年户籍人口 236 人，常住人口 220 人。水靠地下淡水井供给，电由海底电缆从石城岛引入。陆岛交通有客运码头和渔业码头，岛内交通有水泥路。岛上建有民居、卫生所、休闲宾馆、灯塔、寺庙等基础设施，有海水养殖苗种培育室、养殖场等企业，种有蔬菜、果树等农作物。周边为浮筏养殖区和底播增养殖区。海岛经济以渔业为主，旅游业为新兴产业。

牛心坨子 (Niúxīn Tuózi)

北纬 39°29.8′、东经 123°05.5′。位于黄海北部大连庄河市王家镇海域，距大陆最近点 16.82 千米。因岛体似牛心而得名。《大连海域地名志》(1989)和 1989《中国海域地名志》记为牛心坨子岛，《中国海域地名图集》(1991)标注为牛心坨子。岸线长 208 米，面积 2 952 平方米，最高点高程 40.3 米。基岩岛，主要由片麻岩构成。四周岩壁陡峭，多岩洞、石孔。土壤层较薄，生长草本植物。

尖山江岛 (Jiānshānjiāng Dǎo)

北纬 39°29.7′、东经 122°38.0′。位于黄海北部大连庄河市明阳镇海域，距大陆最近点 210 米。因位于尖山海域而得名。岸线长 104 米，面积 352 平方米，最高点高程 2.5 米。基岩岛，无土壤和植被。

尖山江北岛 (Jiānshānjiāng Běidǎo)

北纬 39°29.7′、东经 122°38.0′。位于黄海北部大连庄河市明阳镇海域,距大陆最近点 140 米。因位于尖山江岛北侧而得名。岸线长 42 米,面积 78 平方米,最高点高程 2 米。基岩岛,四周岩壁陡峭,无土壤和植被。

海猫石 (Hǎimāo Shí)

北纬 39°29.2′、东经 123°04.6′。位于黄海北部大连庄河市王家镇海域,距大陆最近点 17.14 千米。因海岛常栖息海鸥(俗称海猫)而得名。《中国海域地名图集》(1991)标注为海猫石。岸线长 81 米,面积 200 平方米,最高点高程 21 米。基岩岛,四周岩壁陡峭,低潮时有裸露砂砾滩与海龟岛及海猫石北岛相连接,岩缝中有少量土壤,生长草本植物。周边海域为浮筏养殖区和底播增养殖区。

海猫石北岛 (Hǎimāoshí Běidǎo)

北纬 39°29.2′、东经 123°04.6′。位于黄海北部大连庄河市王家镇海域,距大陆最近点 17.11 千米。该岛位于海猫石北侧,故名。《中国海域地名图集》(1991)标注为海猫石。该岛原由两个岛体组成,岸线长 59 米,面积 148 平方米,最高点高程 6 米。基岩岛,四周岩壁陡峭,低潮时有裸露的砂砾滩与海龟岛及海猫石连接。岩缝中有少量土壤,生长草本植物。周边海域为浮筏养殖区和底播增养殖区。

小南坨子 (Xiǎonán Tuózi)

北纬 39°29.1′、东经 123°03.8′。位于黄海北部大连庄河市王家镇海域,距寿龙岛最近点 10 米。以岛体小且取方位得名。《大连海域地名志》(1989)和《中国海域地名志》(1989)记为小南坨子岛,《中国海域地名图集》(1991)标注为小南坨子。岛近南北走向,岸线长 221 米,面积 1 810 平方米,最高点高程 18.4 米。基岩岛,主要由片麻岩构成。东部陡峭,南部向海伸入 70 米的岩礁带形似鳖脖子,与海岛构成一个弯刀状,和寿龙岛老龙头山嘴对峙形成一个小海湾,与海龟岛构成进出寿龙水道的要冲。顶部土壤层较薄,生长灌木及草本植物。周边海域为浮筏养殖区和底播增养殖区。

海龟岛 (Hǎiguī Dǎo)

北纬 39°29.1′、东经 123°04.6′。位于黄海北部大连庄河市王家镇海域，距大陆最近点 16.97 千米。岛体形似海龟而得名。因岛上野草多，又名草坨子岛、草坨子、草岛。《大连海域地名志》（1989）和《中国海域地名志》（1989）记为草坨子岛，《中国海域地名图集》（1991）标注为草坨子。庄河市人民政府设大连海王九岛海洋景观自然保护区后改名海龟岛。岛近方形，岸线长 1.18 千米，面积 0.055 9 平方千米，最高点高程 38.8 米。基岩岛，主要由片麻岩构成。北部较宽，南部稍尖，北、西、南三面为砂砾质海岸，东为基岩海岸，地处寿龙岛水道最窄处，涨落潮时流急。土壤层较厚，主要生长灌木及草本植物，乔木较少。岛上有砖砌看海房屋和海珍品苗种培育室，种有谷物、蔬菜等农作物，住有海水养殖和苗种培育临时人员，2013 年有常住人口 5 人。水靠地下淡水井供给，电由海底电缆从大陆引入。陆岛交通有码头，周边海域为浮筏养殖区和底播增养殖区。

神龟探海岛 (Shénguītànhǎi Dǎo)

北纬 39°29.0′、东经 123°04.6′。位于黄海北部大连庄河市王家镇海域，距大陆最近点 17.41 千米。该岛位于海龟岛旁，形如神龟离岛探海，故名。又名小草坨子。《大连海域地名志》（1989）记为草坨小坨子岛，《中国海域地名图集》（1991）标注为小草坨子。庄河市人民政府设大连海王九岛海洋景观自然保护区后改名神龟探海岛。岛体呈西北—东南走向，岸线长 179 米，面积 2 254 平方米，最高点高程 15 米。基岩岛，主要由片麻岩构成。西北部尖陡，南部倾斜似尾巴状，低潮时北面有裸露的岬角，有 50 米长的沙脊与海龟岛连接。土壤层较薄，主要生长灌木及草本植物，乔木较少。

龙嬉珠 (Lóngxīzhū)

北纬 39°29.1′、东经 123°03.6′。位于黄海北部大连庄河市王家镇海域，距寿龙岛最近点 300 米。寿龙岛岸边有突出的山嘴如龙头，该岛恰处在该山嘴下，宛如巨龙张嘴吐珠，故名。《大连海域地名志》（1989）记为龙嬉珠礁，《中国海域地名图集》（1991）标注为龙嬉珠。基岩岛，岛岸线长 27 米，面积

53 平方米，最高点高程 5 米。无土壤和植被。周边海域为浮筏养殖区和底播增养殖区。

三棱礁 (Sānléng Jiāo)

北纬 39°29.0′、东经 123°02.3′。位于黄海北部大连庄河市王家镇海域，距寿龙岛最近点 1.59 千米。因礁石三面有棱角而得名。《大连海域地名志》（1989）和《中国海域地名志》（1989）记为三棱礁岛，《中国海域地名图集》（1991）和《全国海岛名称与代码》（2008）记为三棱礁。岸线长 383 米，面积 7 064 平方米，最高点高程 15.7 米。基岩岛，主要由片麻岩构成，多基岩海岸，北岸有沙滩发育，有沙咀延伸入海。位于石城水道南部、大王家水道北部，是天然的航行目标。海岛顶部有土壤层，生长灌木及草本植物。岛上有粉色砖砌看海小平房及导航设施，住有海水养殖临时看护人员，周边海域为底播增养殖区。

庙门江 (Miàomén Jiāng)

北纬 39°29.0′、东经 123°04.4′。位于黄海北部大连庄河市王家镇海域，距大陆最近点 17.21 千米。因岛体形似寺院的庙门而得名。《中国海域地名图集》（1991）标注为庙门江。岛体呈南北走向，岸线长 93 米，面积 247 平方米，最高点高程 12 米。基岩岛，四周岩壁陡峭，低潮时有裸露的沙滩与海龟岛连接，岩缝中有少量土壤，生长草本植物。

瓶子岛 (Píngzi Dǎo)

北纬 39°28.6′、东经 123°04.6′。位于黄海北部大连庄河市王家镇海域，距大陆最近点 18.05 千米。因岛体形似斜放的酒瓶而得名。岸线长 16 米，面积 19 平方米，最高点高程 7 米。基岩岛，四周岩壁陡峭，岩缝中有少量土壤，长有草本植物。

韭菜礁 (Jiǔcài Jiāo)

北纬 39°28.5′、东经 123°05.0′。位于黄海北部大连庄河市王家镇海域，距大陆最近点 18.41 千米。因岛上长有野韭菜而得名。又名韭菜坛子。《大连海域地名志》（1989）、《中国海域地名图集》（1991）记为韭菜礁。岛体呈南北走向，岸线长 114 米，面积 706 平方米，最高点高程 12 米。基岩岛，受海蚀作用影响，仅存质地坚硬的片麻岩块体。岛体四周岩壁陡峭。岛顶部土壤层较薄，生长草本植物。

窟窿石 (Kūlong Shí)

北纬 39°28.5′、东经 123°04.8′。位于黄海北部大连庄河市王家镇海域，距大陆最近点 18.26 千米。因岛体有通透的海蚀洞而得名。《大连海域地名志》（1989）记为窟窿石礁，《中国海域地名志》（1989）标注为窟窿石。岸线长 71 米，面积 201 平方米，最高点高程 8 米。基岩岛，主要由片麻岩构成。岛体岩缝中有少量土壤，生长草本植物。周边海域为浮筏养殖区和底播增养殖区。

大岗礁 (Dàgǎng Jiāo)

北纬 39°28.5′、东经 123°04.9′。位于黄海北部大连庄河市王家镇海域，距大陆最近点 18.42 千米。以当地群岛惯称得名。《中国海域地名图集》（1991）标注为大岗礁。岸线长 60 米，面积 248 平方米，最高点高程 6.7 米。基岩岛，主要由片麻岩构成，四周岩壁陡峭，低潮时有裸露的岩礁和砂砾滩与韭菜礁连接。地表土壤层稀薄，生长草本植物。

柱石岛 (Zhùshí Dǎo)

北纬 39°28.4′、东经 123°04.7′。位于黄海北部大连庄河市王家镇海域，距大陆最近点 18.41 千米。因岛体似柱状而得名。岸线长 12.5 米，面积 9 平方米，最高点高程 5.1 米。基岩岛，主要由片麻岩构成，四周岩壁陡峭。土壤层稀薄，生长草本植物。

庄河双坨子东岛 (Zhuānghé Shuāngtuózi Dōngdǎo)

北纬 39°28.2′、东经 122°35.3′。位于黄海北部大连庄河市明阳镇海域，距大陆最近点 330 米。岛体呈不规则形状，岸线长 423 米，面积 8 035 平方米，最高点高程 13.1 米。基岩岛，四周岩壁陡峭，顶部土壤层稀薄，生长灌木及草本植物。

荞麦礁 (Qiáomài Jiāo)

北纬 39°27.0′、东经 123°05.8′。位于黄海北部大连庄河市王家镇海域，距大王家岛最近点 720 米。位于大王家水道东南侧，是进出水道的天然航标。因岛体形似荞麦而得名。明《辽东志》《全辽志》和清《盛京通志》记为荞麦岛，《大连海域地名志》（1989）记为荞麦礁岛，又名荞麦棱子；《中国海域地名图集》（1991）标注为荞麦礁；《全国海岛名称与代码》（2008）记为荞麦礁，又名棱子礁。岛体呈西北—东南走向，岸线长214米，面积1 861平方米，最高点高程15.7米。基岩岛，主要由片麻岩构成。地表土壤层稀薄，生长灌木及草本植物。有砖砌看海小屋，小屋基底部由水泥柱架在岛体上，可通过旁边铁梯进入房间内，住有海水养殖临时看护人员。周边海域为底播增养殖区。

天柱岛 (Tiānzhù Dǎo)

北纬39°26.6′、东经123°03.2′。位于黄海北部大连庄河市王家镇海域，距大王家岛最近点20米。因岛体形似擎天柱而得名。岸线长8米，面积4平方米，最高点高程21米。基岩岛，四周岩壁陡峭，低潮时有裸露的岩礁和砂砾滩与大王家岛连接，无土壤和植被。

大王家岛 (Dàwángjiā Dǎo)

北纬39°26.4′、东经123°04.3′。位于黄海北部大连庄河市海域，距大陆最近点19.06千米。今名始于明末清初，以姓氏得名。据考证远古时有人在海岛渔猎、晒网，始称"网岛"，后称"王岛"。明《辽东志》《全辽志》和清《盛京通志》记载为王家岛；《辽宁省地名录》（1988）、《大连海域地名志》（1989）、《中国海域地名志》（1989）和《全国海岛名称与代码》（2008）均记为大王家岛。岛形似马鞍，呈西北—东南走向，岸线长15.48千米，面积5.059 5平方千米，最高点高程149.2米。基岩岛，主要由片麻岩和石英岩构成。地势东、西部高，中部丘陵起伏，北部和南部平坦，地貌以剥蚀低丘为主，北部和西部为潟湖平原，东西部有海蚀崖。土壤层较厚，淡水资源较丰富，主要生长黑松、赤松等针叶林及草本植物。

该岛为乡镇级有居民海岛，2011年户籍人口4 400人，常住人口6 100人，水电由海底管道和海底电缆从大陆引入。陆岛交通有渔业码头和滚装码头，岛内交通有公路网覆盖。建有卫生院、商贸大楼、通信发射塔局、中心小学、九岛广场、海岛博物馆、影视大厅、健身房、图书馆、防护林等基础设施，民居主要分布在前庙平房区和东滩楼房区。1938年日本侵占东北时在岛上修建灯塔，现被列入大连市县级爱国主义教育基地。

大黄礁岛 (Dàhuángjiāo Dǎo)

北纬 39°26.1′、东经 123°06.1′。位于黄海北部大连庄河市王家镇海域，距大王家岛最近点 560 米。因岛体呈黄色，故名。岛体呈西北—东南走向，岸线长 134 米，面积 1 302 平方米，最高点高程 3.6 米。基岩岛，无土壤和植被。

白石礁 (Báishí Jiāo)

北纬 39°26.0′、东经 123°06.3′。位于黄海北部大连庄河市王家镇海域，距大王家岛最近点 980 米。因礁体呈白色而得名。《大连海域地名志》（1989）和《中国海域地名图集》（1991）记为白石礁。岸线长 262 米，面积 1 071 平方米，最高点高程 31 米。基岩岛，由白云岩构成，四周岩壁陡峭，周边多暗礁，无土壤和植被。

白石礁东岛 (Báishíjiāo Dōngdǎo)

北纬 39°26.0′、东经 123°06.4′。位于黄海北部大连庄河市王家镇海域，距大王家岛最近点 1.06 千米。位于白石礁东侧，故名。岸线长 109 米，面积 500 平方米，最高点高程 4 米。基岩岛，由白云岩构成，四周岩壁陡峭，无土壤和植被。

白石礁西岛 (Báishíjiāo Xīdǎo)

北纬 39°26.0′、东经 123°06.2′。位于黄海北部大连庄河市王家镇海域，距大王家岛最近点 850 米。位于白石礁西侧，故名。岸线长 66 米，面积 279 平方米，最高点高程 8 米。基岩岛，由白云岩构成，四周岩壁陡峭，无土壤和植被。

锥石 (Zhuī Shí)

北纬 39°25.9′、东经 123°04.2′。位于黄海北部大连庄河市王家镇海域，距大王家岛最近点 10 米。因岛体形似锥子而得名。《中国海域地名图集》（1991）标注为锥石。岸线长 8 米，面积 5 平方米，最高点高程 4 米。基岩岛，四周岩壁陡峭，低潮时有裸露的砂砾滩与大王家岛连接，无土壤和植被。

盐锅坨子 (Yánguō Tuózi)

北纬 39°47.8′、东经 123°36.6′。位于黄海北部丹东东港市菩萨庙镇海域，距大陆最近点 3.48 千米。因周围有盐田分布而得名。《中国海域地名图集》（1991）标注为盐锅坨子。岛体呈东北—西南走向，岸线长 1.11 千米，面积 0.064 7 平方千米，最高点高程 36 米。基岩岛，地表为酸性岩类上发育的棕壤土，植被茂盛。由养殖围堰堤坝与大陆连接，水电从小岛引入。海岛北部为封山育林区，植被以乔木为主；南部建有水产养殖公司和海珍品苗种培育室，住有渔业生产临时人员。周边海域为围海养殖区和盐田区。

獐岛 (Zhāng Dǎo)

北纬 39°47.6′、东经 123°48.9′。位于黄海北部丹东东港市北井子镇海域，距大陆最近点 4.62 千米。传说两个小仙女变成了獐、鹿在林中闲逛，后被猎人发现，一支箭射进了獐的咽喉。就在马上被猎人捉住之际，獐奋力跳进大海，变成了像獐一样的岛，故名。曾名小鹿岛。《辽宁省海域地名录》（1987）、《中国海域地名志》（1989）、《中国海域地名图集》（1991）、《东沟县志》（1994）、《全国海岛名称与代码》（2008）记为獐岛。岛体呈马鞍形，东北—西南走向。岸线长 4.54 千米，面积 0.607 7 平方千米，最高点高程 71.7 米。基岩岛，主要由石英砂岩和云母片岩构成。地势东西较平，南部坡缓，海岸有沙滩，东、西、北部岩石陡峭。地表为风化壳，发育砂土和黄黏土，植被茂密，乔木以槐树为主。

该岛自唐朝即有人居住，周边海域是近代中日甲午海战战场。村级有居民海岛，2011 年户籍人口 616 人，常住人口 500 余人，水电通过海底电缆和管道从大陆输入。陆岛交通有客运码头和渔业码头，岛内交通有水泥路和石板铺成的环岛路。岛上建有民居、商店、学校、卫生所、农家乐、妈祖庙等公共设施，建有水产品养殖场、修船厂等渔业设施，周边海域为围海养殖区和底播增养殖区。有海滨浴场、海蚀崖、海蚀柱、酥坨子、绵羊礁、鹰咀石等景观。海岛经济以渔业和旅游业为主。

香炉坨子 (Xiānglú Tuózi)

北纬 39°47.3′、东经 123°49.0′。位于黄海北部丹东东港市北井子镇海域，距大陆最近点 5.33 千米。因岛体形似香炉而得名。因岛上多松树，又名松树坨子岛。《中国海域地名志》（1989）记为松树坨子岛，又名香炉坨子；《全国海岛名称与代码》（2008）记为香炉坨子。岛近椭圆形，岸线长158米，面积1 703平方米，最高点高程35米。基岩岛，主要由石英岩和云母片岩构成。四周岩壁陡峭，地势北高南低，基部岩石裸露，形似刀削，低潮时有裸露的沙滩与獐岛连接。地表为风化层，有酸性岩类上发育的棕壤土，主要生长灌木及草本植物。

大坨子 (Dà Tuózi)

北纬39°47.2′、东经123°49.3′。位于黄海北部丹东东港市北井子镇海域，距大陆最近点5.4千米。因与小坨子对应且岛体较大而得名。《中国海域地名志》（1989）记为大坨子岛，曾用名东大坨子。岛体呈棒槌形，西北—东南走向，岸线长758米，面积0.029 1平方千米，最高点高程53米。基岩岛，主要由石英岩和云母片岩构成。地势东端陡峭西部平缓，低潮时周边海域有裸露的岩礁和砂砾滩，西北与獐岛、东南与三坨子连接。该岛表层为风化层，有砂土，植被茂盛，乔木以槐树为主。岛上建有海参养殖育苗室及办公场房，住有海水养殖临时看护人员，水电从獐岛引入。陆岛交通有简易码头，从码头至山顶建有阶梯式登山通道，顶部有观景平台。

三坨子 (Sān Tuózi)

北纬39°47.2′、东经123°49.3′。位于黄海北部丹东东港市北井子镇海域，距大陆最近点5.62千米。因与大坨子相对应而得名。曾用名东三坨子。《中国海域地名志》（1989）记为小坨子岛；《全国海岛名称与代码》（2008）记为三坨子。岛近方形，岸线长372米，面积7 933平方米，最高点高程42米。基岩岛，主要由石英砂岩和云母片岩构成。地势南高北低，东端陡峭西部平缓，低潮时周边海域有裸露的岩礁，西北有岩礁和砂砾滩与大坨子连接。该岛表层为风化层，发育砂土，主要生长乔木及草本植物。建有护岸与工作平台，供过往渔船临时停靠、整理网具和物资。

小岛 (Xiǎo Dǎo)

北纬39°47.1′、东经123°34.5′。位于黄海北部丹东东港市菩萨庙镇海域，距大陆最近点720米。因海岛东端狭小而得名。《辽宁省海域地名录》（1987）、

《中国海域地名志》（1989）、《中国海域地名图集》（1991）和《东沟县志》（1994）均记为小岛。岛体呈狭长形，东北—西南走向，岸线长 11.01 千米，面积 1.851 平方千米，最高点高程 39.5 米。基岩岛，主要由石英砂岩和黑云母片岩构成。地势西南较高，中间较宽、低平，西北部较窄。地表为风化层，有砂土、黄黏土，淡水资源丰富。植被茂密，主要生长灌木及草本植物，乔木较少。

该岛为村级有居民海岛，2011 年户籍人口 1 912 人，常住人口 1 700 人。由围海养殖堤坝与大陆连接，水电从大陆引入。陆岛交通有客货码头和连岛公路，岛内交通有环岛公路。岛上建有商店、学校、卫生所、移动通信信号塔等基础设施，以及鱼粉厂、水产品经贸公司等。周边海域为围海养殖区和底播增养殖区。建有风电厂，是辽宁仅有的较大规模风能利用海岛。岛上有"小岛村"名称标志。

歪坨子 (Wāi Tuózi)

北纬 39°46.7′、东经 123°34.0′。位于黄海北部丹东东港市菩萨庙镇海域，距大陆最近点 230 米。因岛体顶端倾斜而得名。《辽宁省海域地名录》（1987）记为歪坨子礁，《中国海域地名志》（1989）记为歪坨子岛，《中国海域地名图集》（1991）和《东沟县志》（1994）记为歪坨子。岛体呈塔状，岸线长 94 米，面积 605 平方米，最高点高程 50 米。基岩岛，主要由石英砂岩和云母片岩构成。岛体拔地冲天，四周岩壁陡峭，低潮时有裸露的泥沙滩与大陆连接。顶部有薄层土壤，植被稀疏，以草本植物为主。

东马坨子 (Dōngmǎ Tuózi)

北纬 39°46.7′、东经 123°36.1′。位于黄海北部丹东东港市菩萨庙镇海域，距大陆最近点 3 千米。因岛体似马头，冠以方位"东"而得名。《辽宁省海域地名录》（1987）记为东马坨子礁，《中国海域地名志》（1989）记为东马坨子岛，《中国海域地名图集》（1991）、《东沟县志》（1994）和《全国海岛名称与代码》（2008）记为东马坨子。岛体呈东西走向，岸线长 262 米，面积 3 269 平方米，最高点高程 18.7 米。基岩岛，主要由石英砂岩和云母片岩构成。地势东高西低，四周岩壁陡峭。地表土壤层较薄，为酸性岩类上发育的棕壤土，顶部生长灌木及草本植物。

窟窿坨子 （Kūlong Tuózi）

北纬 39°46.6′、东经 123°36.1′。位于黄海北部丹东东港市菩萨庙镇海域，距大陆最近点 3.13 千米。因岛上有天然洞穴而得名。《中国海域地名志》（1989）记为窟窿坨子岛，《全国海岛名称与代码》（2008）记为窟窿坨子。岛体呈东北—西南走向，岸线长度 137 米，面积 1 373 平方米，最高点高程 31 米。基岩岛，主要由石英砂岩和云母片岩构成。地势东高西低，四周岩壁陡峭。地表土壤层稀薄，生长草本植物。

园山岛 （Yuánshān Dǎo）

北纬 39°45.9′、东经 123°35.8′。位于黄海北部丹东东港市菩萨庙镇海域，距大陆最近点 2.72 千米。因形状近椭圆形而得名。《辽宁省海域地名录》（1987）和《中国海域地名志》（1989）记为圆山岛，《中国海域地名图集》（1991）和《东沟县志》（1994）记为园山岛，《全国海岛名称与代码》（2008）记为园山。岛体呈南北走向，岸线长 987 米，面积 0.058 8 平方千米，最高点高程 62.2 米。基岩岛，主要由石英砂岩和黑云母片岩构成。四周岩壁陡峭，地表为风化层、砂土，淡水资源较丰富。植被覆盖率较高，主要生长灌木及草本植物，乔木较少，有人工板栗林。岛上有大地控制点标志。

大鹿岛 （Dàlù Dǎo）

北纬 39°45.8′、东经 123°44.0′。位于黄海北部丹东东港市东山镇海域，距大陆最近点 7.22 千米。传说玉皇大帝的小女儿迷恋辽东半岛的秀丽景色，化作一只梅花鹿下凡，有一天被猎人发现。在猎人即将捉住梅花鹿时，她奋力跃入大海，后来化作一个美丽的海岛，故称大鹿岛。又因早年岛上有大角鹿栖息而得名。《辽宁省海域地名录》（1987）、《中国海域地名志》（1989）、《中国海域地名图集》（1991）、《东沟县志》（1994）和《全国海岛名称与代码》（2008）均记为大鹿岛。岛近东西走向，岸线长 11.09 千米，面积 3.499 5 平方千米，最高点高程 189.1 米。基岩岛，主要由石英砂岩和云母片岩构成。地势东、西、北三面高，东北岩石陡峭，南部平缓发育有沙滩。地表为风化壳，发育砂土和黄黏土，土壤层较厚，植被茂密。

该岛为村级有居民海岛，2011 年户籍人口 3 623 人，常住人口 3 233 人。水电从大陆引入。陆岛交通有客运码头和渔业码头，岛内交通有环岛公路。岛上建有粮店、商店、医院、学校、邮局、通信发射塔、银行、宾馆等基础设施，有捕捞业、养殖业、渔船修造业、水产品加工业等基础产业。该岛开发历史悠久，有明代旗语台、炮台、石砌马道等，发掘出土明代大刀、头盔、炮弹等。存有明崇祯年间辽东总兵毛文龙所立誓言碑。该岛西南海面是近代中日甲午海战所在地，岛上有邓世昌墓和塑像。有老虎洞、灯塔山、松树咀、沙滩浴场等旅游景观。海岛经济以渔业和旅游业为主。

灯塔山 (Dēngtǎ Shān)

北纬 39°45.0′、东经 123°45.2′。位于黄海北部丹东东港市孤山镇海域，距大鹿岛最近点 260 米。因 1925 年英国人在岛上修建一座灯塔而得名。原名蟒山，传说岛上有两条修炼千年的蟒蛇，可保佑渔民每天鱼虾满舱，平安归来，故名。《中国海域地名图集》（1991）、《东沟县志》（1994）记为灯塔山。岛近椭圆形，岸线长 890 米，面积 0.046 5 平方千米，最高点高程 36 米。基岩岛，四周岩壁陡峭，低潮时有裸露的海底沙脊与大鹿岛连接。地表土壤层较厚，植被茂密，主要生长乔木和灌木。岛西侧有一处二层简易平房及残留房屋，住有基础设施看护与管理人员，水由地下淡水供给，电从大鹿岛引入。岛顶建有灯塔、气象观测站，东侧建有水泥台阶可直达岛顶，周边海域为底播增养殖区。灯塔被称为"东方第一灯塔"，塔高 7.2 米，地处黄海前哨，被列为市级保护文物。

小山子礁 (Xiǎoshānzi Jiāo)

北纬 40°52.5′、东经 121°07.3′。位于渤海锦州市经济技术开发区海域，距大陆最近点 90 米。因岛体似小山而得名。《辽宁省海域地名录》（1987）、《中国海域地名志》（1989）、《锦县志》（1990）、《中国海域地名图集》（1991）和《锦州市志》（2008）均记为小山子礁。由 3 个礁体构成，南北走向，岸线长 129 米，面积 979 平方米，最高点高程 3.5 米。基岩岛，主要由石灰岩和片麻岩构成。3 个礁体高潮时顶部出露，低潮时有裸露的岩礁和砂砾滩相互连接。北侧有沙脊，长 30 米，俗称马道，低潮时与大陆相连。主礁上有稀薄土壤层，生长灌木及草本植物，另两个礁体岩石裸露，无植被。

小笔架山东岛 (Xiǎobǐjiàshān Dōngdǎo)

北纬 40°50.6′、东经 121°05.3′。位于渤海锦州市经济技术开发区海域，距大陆最近点 1.02 千米。因位于小笔架山东侧而得名。岛近圆形，岸线长 68 米，面积 298 平方米，最高点高程 17 米。基岩岛，岛岸陡峭，顶部平缓，低潮时周边海域有裸露的岩礁，西侧有岩礁和砂砾滩与小笔架山连接。海岛顶部和岩缝中有少量土壤，生长草本植物。

大风匣礁 (Dàfēngxiá Jiāo)

北纬 40°50.1′、东经 121°05.0′。位于渤海锦州市经济技术开发区海域，距大陆最近点 190 米。因礁石呈长方形，状如风匣而得名。当地群众俗称风匣子。《辽宁省海域地名录》（1987）、《中国海域地名志》（1989）、《锦县志》（1990）、《中国海域地名图集》（1991）和《锦州市志》（2008）均记为大风匣礁。岛体呈西北—东南走向，岸线长 40 米，面积 58 平方米，最高点高程 4.7 米。基岩岛，低潮时周边海域有裸露的岩礁和砂砾滩，西侧与大陆连接。该岛历史上曾被炸礁取石，原岛体形状已完全改变，无土壤和植被。

石坟礁 (Shífén Jiāo)

北纬 40°48.0′、东经 121°04.8′。位于渤海锦州市经济技术开发区海域，距大陆最近点 140 米。因礁形似坟墓而得名。当地群众俗称石坟子。《辽宁省海域地名录》（1987）、《中国海域地名志》（1989）、《锦县志》（1990）、《中国海域地名图集》（1991）和《锦州市志》（2008）均记为石坟礁。由多个礁体组成，岸线长 84 米，面积 307 平方米，最高点高程 5.5 米。基岩岛，主要由石灰岩构成。主礁岩壁陡峭，低潮时周边海域有裸露的岩礁和砂砾滩，西北部有岩礁和砂砾滩与大笔架山连接。无土壤和植被。

石车子礁 (Shíchēzi Jiāo)

北纬 40°47.9′、东经 121°04.8′。位于渤海锦州市经济技术开发区海域，距大陆最近点 120 米。因礁形似车状而得名。当地群众俗称南砬子礁。《辽宁省海域地名录》（1987）、《中国海域地名志》（1989）、《锦县志》（1990）、《中国海域地名图集》（1991）和《锦州市志》（2008）均记为石车子礁。岛体呈南北走向，岸线长 44 米，面积 116 平方米，最高点高程 5.2 米。基岩岛，由石灰岩构成，低潮时周边海域有裸露的岩礁和砂砾滩，北侧与石坟礁和大笔架山连接。无土壤和植被。

东锦凌岛 (Dōngjǐnlíng Dǎo)

北纬 40°55.0′、东经 121°23.0′。位于渤海锦州凌海市大有乡海域，距大陆最近点 2.35 千米。锦州凌海市滨海路南侧虾池中有两个小岛，该岛位于东侧，故名。岛近菱形，呈南北走向，岸线长 144 米，面积 949 平方米，最高点高程 7.8 米。沙泥岛，地势顶部平坦、四周坡缓，淤泥质海岸，低潮时周边海域裸露的滩涂面积较大。发育薄层土壤，生长灌木及草本植物。

西锦凌岛 (Xījǐnlíng Dǎo)

北纬 40°55.0′、东经 121°22.9′。位于渤海锦州凌海市大有乡海域，距大陆最近点 2.39 千米。锦州凌海市滨海路南侧虾池中有两个小岛，该岛位于西侧，故名。岛体呈半椭圆形，岸线长 78 米，面积 327 平方米，最高点高程 8.8 米。沙泥岛，地势顶部平坦、四周坡缓，淤泥质海岸，低潮时周边海域裸露的滩涂面积较大。有薄层土壤，生长灌木及草本植物。

鸳鸯岛 (Yuānyāng Dǎo)

北纬 40°55.7′、东经 121°47.8′。位于渤海盘锦市双台子河入海口海域，距大陆最近点 450 米。鸳鸯岛是盘锦市唯一海岛。海岛形成之初为南、北两块，中间有潮沟分隔，形似一对鸳鸯在戏水，故名。岛体呈东北—西南走向，岸线长 8.54 千米，面积 4.196 5 平方千米，最高点高程 0.5 米。沙泥岛，系双台子河携带泥沙入海冲积而成。20 世纪末为水下沙洲，21 世纪初发育成低潮高地，后随双台子河径流量和泥沙入海量增加，低潮高地逐渐裸露，翅碱蓬、芦苇等草本植物先后发育生长，加剧泥沙淤积过程，2010 年前后形成海岛。因受河流和潮流的共同作用，其形状极不稳定。岛上植被茂密，陆域被芦苇、翅碱蓬、海滨蓑草、碱菀等草本植物所覆盖。

大海螺山 (Dàhǎiluó Shān)

北纬 40°49.2′、东经 121°00.1′。位于渤海葫芦岛市塔山乡海域，距大陆最近点 1.41 千米。该岛周围盛产海螺，与小海螺山相对，故名。《辽宁省海域地名录》（1987）、《中国海域地名志》（1989）和《中国海域地名图集》（1991）记为海螺山礁。岛体呈东北—西南走向，岸线长 111 米，面积 390 平方米，最高点高程 5.2 米。基岩岛，由石灰岩构成。地势低平，岩石交错，低潮时周边海域有裸露的岩礁和砂砾滩，东北侧与大陆连接，西侧与小海螺山连接。无土壤和植被。

红鹰岛 (Hóngyīng Dǎo)

北纬 40°47.1′、东经 120°58.9′。位于渤海葫芦岛市独树沟乡海域，距大陆最近点 80 米。因岛体呈红色，外形似鹰，故名。岛体呈西北—东南走向，岸线长 172 米，面积 993 平方米，最高点高程 12.2 米。基岩岛，岩石重叠，犬牙交错，低潮时周边海域有裸露的岩礁和砂砾滩，西北侧与大陆连接。无土壤和植被。

黄石岛 (Huángshí Dǎo)

北纬 40°46.6′、东经 120°58.1′。位于渤海葫芦岛市北港镇海域，距大陆最近点 70 米。因岛体颜色呈黄色而得名。岛体呈东西走向，岸线长 80 米，面积 403 平方米，最高点高程 14 米。基岩岛，低潮时周边海域有裸露的岩礁和砾石滩，西北侧与大陆连接。无土壤和植被。

龟山岛 (Guīshān Dǎo)

北纬 40°44.3′、东经 120°58.9′。位于渤海葫芦岛市北港镇海域，距大陆最近点 270 米。因该岛外形似龟而得名。《辽宁省海域地名录》（1987）、《中国海域地名志》（1989）和《中国海域地名图集》（1991）记为龟山岛，《全国海岛名称与代码》（2008）记为龟山。海岛原由两个岛体组成，大者位于西北，小者位于东南，第二次全国海域地名普查时将该岛定名为龟山岛，小者命名为小龟山岛。岛近三角形，呈南北走向，岸线长 454 米，面积 7 513 平方米，最高点高程 19.8 米。基岩岛，主要由片麻岩构成。地势中间隆起、四周坡缓，海岸陡峭，有沙滩，低潮时有裸露的砂砾滩与大陆和小龟山岛连接。土壤层较薄，主要生长草本植物，乔木和灌木较少。岛上残留有房屋地基、海产品加工池等设施。

小龟山岛 (Xiǎoguīshān Dǎo)

北纬 40°44.3′、东经 120°59.0′。位于渤海葫芦岛市北港镇海域，距大陆最近点 240 米。原与龟山岛统称为龟山岛，第二次全国海域地名普查时，因岛形似乌龟，比龟山岛小，命今名。岛体呈南北走向，岸线长 162 米，面积 1 039 平方米，最高点高程 8.9 米。基岩岛，主要由片麻岩构成。北部岩壁陡峭，顶部平坦，南部有塌陷，低潮时有裸露的砂砾滩与龟山岛相连。海岛北侧顶部有薄层土壤，生长草本植物。

块石岛 (Kuàishí Dǎo)

北纬 40°41.5′、东经 120°55.9′。位于渤海葫芦岛市北港镇海域，距大陆最近点 20 米。因似一块巨石矗立岸边，故名。岛体呈南北走向，岸线长 67 米，面积 312 平方米，最高点高程 10.4 米。基岩岛，四周岩壁陡峭，低潮时有裸露的岩礁和砾石滩与大陆连接。无土壤和植被。

靠山石岛 (Kàoshānshí Dǎo)

北纬 40°41.5′、东经 120°55.9′。位于渤海葫芦岛市北港镇海域，距大陆最近点 30 米。岛形似一人靠在一块石头上，故名。岛体呈西北—东南走向，岸线长 59 米，面积 241 平方米，最高点高程 8.7 米。基岩岛，岛岸陡峭，低潮时周边海域岩礁裸露，北侧与大陆连接。海岛岩缝中有少量土壤，生长零星草本植物。

方石岛 (Fāngshí Dǎo)

北纬 40°41.4′、东经 120°55.6′。位于渤海葫芦岛市北港镇海域，距大陆最近点 40 米。因岛体呈方形巨石而得名。岸线长 53 米，面积 183 平方米，最高点高程 15.5 米。基岩岛，四周岩壁陡峭，顶部较平坦，低潮时周边海域岩礁裸露，北侧与大陆连接。无土壤和植被。

鹰首岛 (Yīngshǒu Dǎo)

北纬 40°41.4′、东经 120°55.7′。位于渤海葫芦岛市北港镇海域，距大陆最近点 80 米。因岛形似老鹰的头部而得名。岛近圆形，岸线长 45 米，面积 136 平方米，最高点高程 19.1 米。基岩岛，四周岩壁陡峭，低潮时周边海域岩礁裸露，北侧与大陆连接。海岛岩缝中有少量土壤，生长零星草本植物。

单峰岛 (Dānfēng Dǎo)

北纬 40°41.4′、东经 120°55.8′。位于渤海葫芦岛市北港镇海域，距大陆最近点 70 米。因岛体四周陡峭，单峰矗立，故名。岛近椭圆形，岸线长 54 米，面积 205 平方米，最高点高程 12.7 米。基岩岛，岛岸陡峭，低潮时周边海域岩礁裸露，西北侧与大陆连接。无土壤和植被。

斜峰岛 (Xiéfēng Dǎo)

北纬 40°41.4′、东经 120°55.4′。位于渤海葫芦岛市北港镇海域，距大陆最近点 60 米。因岛体顶峰呈倾斜状而得名。岛近椭圆形，岸线长 84 米，面积 479 平方米，最高点高程 15.8 米。基岩岛，四周岩壁陡峭，低潮时周边海域岩礁裸露，北侧与大陆连接。无土壤和植被。

双峰岛 (Shuāngfēng Dǎo)

北纬 40°41.4′、东经 120°55.3′。位于渤海葫芦岛市北港镇海域，距大陆最近点 60 米。因海岛顶部呈双峰状而得名。岛近圆形，岸线长 29 米，面积 63 平方米，最高点高程 19.9 米。基岩岛，四周岩壁陡峭，低潮时周边海域有裸露的岩礁和砾石滩，北侧与大陆连接。无土壤和植被。

斜面岛 (Xiémiàn Dǎo)

北纬 40°41.4′、东经 120°55.0′。位于渤海葫芦岛市北港镇海域，距大陆最近点 50 米。该岛顶部似一个斜面，故名。岛近圆形，岸线长 45 米，面积 151 平方米，最高点高程 11.6 米。基岩岛，四周岩壁陡峭，低潮时周边海域有裸露的岩礁和砾石滩，北侧与大陆连接。无土壤和植被。

指峰岛 (Zhǐfēng Dǎo)

北纬 40°41.4′、东经 120°54.7′。位于渤海葫芦岛市北港镇海域，距大陆最近点 50 米。岛形似伸出的一只手指而得名。岛体呈西北—东南走向，岸线长 22 米，面积 34 平方米，最高点高程 13.1 米。基岩岛，四周岩壁陡峭，低潮时周边海域有裸露的岩礁和砾石滩，北侧与大陆连接。无土壤和植被。

双石岛 (Shuāngshí Dǎo)

北纬 40°41.0′、东经 120°53.4′。位于渤海葫芦岛市北港镇海域，距大陆最近点 60 米。该岛大石顶上还有一块小石，故名。岛近圆形，岸线长 52 米，面积 196 平方米，最高点高程 11.6 米。基岩岛，岛岸陡峭，低潮时周边海域有裸露的岩礁和砂砾滩，北侧与大陆连接。无土壤和植被。

风帆岛 (Fēngfān Dǎo)

北纬 40°41.0′、东经 120°52.7′。位于渤海葫芦岛市北港镇海域，距大陆最近点 40 米。因岛体似船的风帆而得名。岛近圆形，岸线长 26 米，面积 50 平方米，最高点高程 14.2 米。基岩岛，四周岩壁陡峭，无土壤和植被。

锥石岛 (Zhuīshí Dǎo)

北纬 40°41.0′、东经 120°52.8′。位于渤海葫芦岛市北港镇海域，距大陆最近点 40 米。因岛体顶部呈尖锥状而得名。岛体呈东北—西南走向，岸线长 63 米，面积 297 平方米，最高点高程 12.2 米。基岩岛，西南宽东北窄，四周岩壁陡峭，中部突起。海岛岩缝中有少量土壤，生长草本植物。

卧羊石岛 (Wòyángshí Dǎo)

北纬 40°41.0′、东经 120°52.1′。位于渤海葫芦岛市北港镇海域，距大陆最近点 30 米。因岛体形似卧羊而得名。岸线长 13 米，面积 13 平方米，最高点高程 5.5 米。基岩岛，低潮时有裸露的岩礁和砾石滩与大陆连接，无土壤和植被。

羊羔岛 (Yánggāo Dǎo)

北纬 40°40.9′、东经 120°52.1′。位于渤海葫芦岛市北港镇海域，距大陆最近点 60 米。因岛体似羊羔而得名。岸线长 21 米，面积 31 平方米，最高点高程 6 米。基岩岛，低潮时有裸露的岩礁和砂砾滩与大陆连接，无土壤和植被。

北石岛 (Béishí Dǎo)

北纬 40°40.9′、东经 120°52.1′。位于渤海葫芦岛市北港镇海域，距大陆最近点 60 米。该岛根据北方方位而得名。岛体呈南北走向，岸线长 98 米，面积 665 平方米，最高点高程 9.8 米。基岩岛，四周岩壁陡峭，顶部较为平坦，低潮时周边海域有裸露的砂砾滩与南石岛连接。土壤层较薄，生长灌木及草本植物，乔木较少。

南石岛 (Nánshí Dǎo)

北纬 40°40.9′、东经 120°52.1′。位于渤海葫芦岛市北港镇海域，距大陆最近点 70 米。该岛与北石岛相对而得名。岛体呈东北—西南走向，岸线长 84 米，面积 469 平方米，最高点高程 14.6 米。基岩岛，四周岩壁陡峭，顶部较为平坦，低潮时周边海域有裸露的砂砾滩与北石岛连接。无土壤和植被。

石门 (Shímén)

北纬 40°40.8′、东经 120°52.2′。位于渤海葫芦岛市北港镇海域，距大陆最近点 60 米。从海中望去，该岛好似一座拱门，故名。岛体呈东北—西南走向，岸线长 140 米，面积 1 075 平方米，最高点高程 11.2 米。基岩岛，四周岩壁陡峭，顶部稍平坦。岛体呈扇形状，西南较宽东北稍窄，中间有穿透岛体的海蚀洞，形似石门。低潮时周边海域有裸露的岩礁和砂砾滩，北侧与大陆连接。土壤层稀薄，生长灌木及草本植物。

大石山礁 (Dàshíshān Jiāo)

北纬 40°10.8′、东经 120°20.3′。位于渤海葫芦岛市绥中县荒地镇海域，距大陆最近点 900 米。该处礁石连片如山，又大于小石山礁，故名。《辽宁省海域地名录》（1987）、《中国海域地名志》（1989）和《中国海域地名图集》（1991）均记为大石山礁。由多个礁体组成，集聚性分布，近东西走向，岸线长 80 米，面积 455 平方米，最高点高程 7 米。基岩岛，由花岗岩构成。中部礁盘突起，礁盘间有砂砾滩分布，低潮时周边海域有裸露的岩礁和砂砾滩连接各礁体。无土壤和植被。岛上残留人工石条。

东石礁 (Dōngshí Jiāo)

北纬 40°05.1′、东经 120°03.6′。位于渤海葫芦岛市绥中县高岭镇海域，距大陆最近点 170 米。因两块礁石东西相邻，居东而得名。又名小石山。《辽宁省海域地名录》（1987）、《中国海域地名志》（1989）和《中国海域地名图集》（1991）均记为东石礁。岛体呈东北—西南走向，岸线长 40 米，面积 112 平方米，最高点高程 4.5 米。基岩岛，由花岗岩构成，中部礁石兀立，低潮时周边海域岩礁裸露，无土壤和植被。

西石礁 (Xīshí Jiāo)

北纬 40°05.0′、东经 120°03.4′。位于渤海葫芦岛市绥中县高岭镇海域，距大陆最近点 130 米。因两块礁石东西相邻，居西而得名。又名大石山。《辽宁省海域地名录》（1987）、《中国海域地名志》（1989）和《中国海域地名图集》（1991）均记为西石礁。岛近圆形，岸线长 82 米，面积 475 平方米，最高点高程 3 米。基岩岛，由花岗岩构成，地势相对低缓，发育有砂砾滩，低潮时周边海域有裸露的岩礁。无土壤和植被。岛上设有"西石礁"名称标志碑。

三块石礁 (Sānkuàishí Jiāo)

北纬 40°04.3′、东经 120°00.7′。位于渤海葫芦岛市绥中县前所镇海域，距大陆最近点 300 米。岛体由三块礁石组成而得名。因礁体似猪，曾名东母猪石，又名母猪石。《辽宁省海域地名录》（1987）、《中国海域地名图集》（1991）记为三块石礁。岛体呈东西走向，岸线长 36 米，面积 56 平方米，最高点高程 1.5 米。基岩岛，无土壤和植被。

航标礁 (Hángbiāo Jiāo)

北纬 40°00.4′、东经 119°55.5′。位于渤海葫芦岛市绥中县万家镇海域，距大陆最近点 650 米。因岛上建有简易航标灯塔而得名。《辽宁省海域地名录》（1987）、《中国海域地名志》（1989）和《中国海域地名图集》（1991）均记为航标礁。岛近东西走向，岸线长 21 米，面积 32 平方米，最高点高程 1 米。基岩岛，由花岗岩构成，低潮时周边海域有裸露岩礁，岩礁带东西长 500 米，南北宽 40 米。无土壤和植被。岛上建有简易航标灯塔，塔高 6.5 米。

黑神岛 (Hēishén Dǎo)

北纬 40°00.0′、东经 119°55.0′。位于渤海葫芦岛市绥中县万家镇海域，距大陆最近点 150 米。取原有名称"黑老么神"中的两字，更为今名。岛体呈西北—东南走向，岸线长 60 米，面积 251 平方米，最高点高程 5.3 米。基岩岛，低潮时周边海域有裸露的岩礁，无土壤和植被。

红砬子礁岛 (Hónglázijiāo Dǎo)

北纬 39°59.9′、东经 119°54.8′。位于渤海葫芦岛市绥中县万家镇海域，距大陆最近点 120 米。因礁体呈暗红色，当地俗称红硬子礁。因省内重名，更为今名。岛体呈东北—西南走向，岸线长 89 米，面积 557 平方米，最高点高程 5.2 米。基岩岛，岛形狭长，南端较高，低潮时周边海域有裸露的岩礁，西北侧与大陆连接。无土壤和植被。岛上有简易砖砌看海小平房和连礁石桥，房屋四周有石块护岸，现已毁坏。

掉龙蛋礁 (Diàolóngdàn Jiāo)

北纬 39°59.8′、东经 119°54.7′。位于渤海葫芦岛市绥中县万家镇海域，距大陆最近点 280 米。因该岛呈蛋圆形，拟意龙掉产的蛋，故名。又名吊龙蛋岛。《辽宁省海域地名录》（1987）、《中国海域地名志》（1989）和《中国海域地名图集》（1991）均记为掉龙蛋礁。2011 年国家海洋局公布的我国第一批开发利用无居民海岛名录中称为吊龙蛋岛。岛近椭圆形，岸线长 181 米，面积 2 350 平方米，最高点高程 5.1 米。基岩岛，地势平缓，低潮时周边海域有裸露的岩礁。土壤层稀薄，生长草本植物。岛上有大地控制点标志和水泥与碎石铺设的人工小路。

孟姜女坟一岛 (Mèngjiāngnǚfén Yīdǎo)

北纬 39°59.6′、东经 119°53.8′。位于渤海葫芦岛市绥中县海域。岛近圆形，岸线长 45 米，面积 151 平方米，最高点高程 15 米。基岩岛，由花岗岩构成。四周岩壁陡峭，周边 200 米海域范围内暗礁密布，行船困难，当地俗称"水下龙宫"，低潮时有岩礁和砾石滩裸露，北侧有干出的石脊通道与大陆连接。无土壤和植被。

孟姜女坟二岛 (Mèngjiāngnǚfén Èrdǎo)

北纬 39°59.6′、东经 119°53.8′。位于渤海葫芦岛市绥中县万家镇海域。岛体呈东北—西南走向，岸线长 23 米，面积 35 平方米，最高点高程 12 米。基岩岛，由花岗岩构成。四周岩壁陡峭，周边 200 米海域范围内暗礁密布，行船困难，当地俗称"水下龙宫"，低潮时有岩礁和砾石滩裸露，北侧有干出的石脊通道与大陆连接。无土壤和植被。

孟姜女坟三岛 (Mèngjiāngnǚfén Sāndǎo)

北纬 39°59.6′、东经 119°53.8′。位于渤海葫芦岛市绥中县万家镇海域。岛体呈东北—西南走向，岸线长50米，面积120平方米，最高点高程12米。基岩岛，由花岗岩构成。四周岩壁陡峭，周边200米海域范围内暗礁密布，行船困难，当地俗称"水下龙宫"，低潮时周边海域岩礁和砾石滩裸露，北侧有干出的石脊通道与大陆连接。无土壤和植被。

龙门礁 (Lóngmén Jiāo)

北纬39°59.5′、东经119°52.6′。位于渤海葫芦岛市绥中县万家镇海域，距大陆最近点90米。因两石相对，形似龙门而得名。《辽宁省海域地名录》（1987）、《中国海域地名志》（1989）和《中国海域地名图集》（1991）均记为龙门礁。由两个主要礁体组成，两礁相距25米，直径各3米，东礁高13米，西礁高15米。东西走向，岸线长111米，面积226平方米，最高点高程15米。基岩岛，主要由花岗岩构成，东西主礁岩壁陡峭，中部礁体较低，低潮时周边海域有裸露的岩礁连接两主礁。土壤层稀薄，生长草本植物。

争嘴石礁 (Zhēngzuǐshí Jiāo)

北纬40°37.6′、东经120°48.4′。位于渤海葫芦岛兴城市钓鱼台街道海域，距大陆最近点190米。因岛体一端突出似尖嘴，状若抢食而得名。当地群众俗称大木墩子。《辽宁省海域地名录》（1987）、《中国海域地名志》（1989）和《中国海域地名图集》（1991）记为争嘴石礁，《兴城县志》（1990）记为争咀石礁。岛体呈条状，西北—东南走向，岸线长98米，面积403平方米，最高点高程15米。基岩岛，主要由混合花岗岩构成，地势两端高、中部低，发育有砂砾滩，低潮时西北部有裸露的海底沙脊与大陆连接。有少量土壤，生长草本植物。

石峰岛 (Shífēng Dǎo)

北纬40°37.3′、东经120°47.9′。位于渤海葫芦岛兴城市钓鱼台街道海域，距大陆最近点20米。岛形似一座山峰，故名。岛近东西走向，岸线长40米，面积70平方米，最高点高程9.7米。基岩岛，低潮时周边海域有裸露的岩礁和砂砾滩，西南侧与大陆连接。无土壤和植被。

大礁岛 (Dàjiāo Dǎo)

北纬40°36.2′、东经120°47.6′。位于渤海葫芦岛兴城市钓鱼台街道海域，距大陆最近点 70 米。周边有三岛，该岛距离大陆最近得名大礁，因与低潮高地重名，更为今名。岛体呈西北—东南走向，岸线长 81 米，面积 430 平方米，最高点高程 13.5 米。基岩岛，低潮时有裸露岩礁和砂砾滩西与大陆连接、东与二礁岛连接。无土壤和植被。由大礁岛、二礁岛、三礁岛通过栈桥与大陆相连，岛上建有观海亭，名曰"三礁览胜"，始建于 1984 年，是当地利用海蚀地貌和陆岸沙滩、海湾建设的人工景观。

二礁岛 (Erjiāo Dǎo)

北纬 40°36.2′、东经 120°47.7′。位于渤海葫芦岛兴城市钓鱼台街道海域，距大陆最近点 140 米。周边有三岛，该岛距离大陆第二远得名二礁，因与低潮高地重名，更为今名。岛近圆形，岸线长 36 米，面积 90 平方米，最高点高程 9.9 米。基岩岛，低潮时有裸露的岩礁和砂砾滩西与大礁岛连接、北与三礁岛连接。无土壤和植被。由大礁岛、二礁岛、三礁岛通过栈桥与大陆相连，岛上建有观海亭，名曰"三礁览胜"，始建于 1984 年，是当地利用海蚀地貌和陆岸沙滩、海湾建设的人工景观。

三礁岛 (Sānjiāo Dǎo)

北纬 40°36.3′、东经 120°47.7′。位于渤海葫芦岛兴城市钓鱼台街道海域，距大陆最近点 150 米。周边有三岛，该岛距离大陆最远得名三礁，因与低潮高地重名，更为今名。岛体呈西北—东南走向，岸线长 54 米，面积 191 平方米，最高点高程 14.7 米。基岩岛，低潮时有裸露的岩礁和砂砾滩与二礁岛连接。无土壤和植被。由大礁岛、二礁岛、三礁岛通过栈桥与大陆相连，岛上建有观海亭，名曰"三礁览胜"，始建于 1984 年，是当地利用海蚀地貌和陆岸沙滩、海湾建设的人工景观。

乌龟石 (Wūguī Shí)

北纬 40°36.0′、东经 120°47.5′。位于渤海葫芦岛兴城市钓鱼台街道海域，距大陆最近点 10 米。因岛体形似乌龟而得名。岛体呈东西走向，岸线长 24 米，面积 36 平方米，最高点高程 9.8 米。基岩岛，岩石表面较平滑，低潮时有裸露的岩礁和砾石滩与大陆连接。无土壤和植被。

大孤砬子礁 (Dàgūlázi Jiāo)

北纬 40°32.2′、东经 120°49.5′。位于渤海葫芦岛兴城市觉华岛街道海域，距觉华岛最近点 2.17 千米。因该岛孤立出现在此处，故名。岛近东西走向，岸线长 57 米，面积 194 平方米，最高点高程 12 米。基岩岛，岛岸陡峭，低潮时周边海域岩礁裸露，无土壤和植被。

磨盘山岛 (Mòpánshān Dǎo)

北纬 40°32.0′、东经 120°49.1′。位于渤海葫芦岛兴城市觉华岛街道海域，距觉华岛最近点 1.23 千米。因岛体呈圆形，顶部平整似磨盘而得名。明《辽东志》和《全辽志》记为磨盘岛；清《盛京通志》记为磨盘山；《辽宁省海域地名录》（1987）、《中国海域地名志》（1989）和《中国海域地名图集》（1991）记为磨盘山岛，《辽宁省地名录》（1988）、《兴城县志》（1990）和《全国海岛名称与代码》（2008）记为磨盘山。岛体呈东北—西南走向，岸线长 1.9 千米，面积 0.168 1 平方千米，最高点高程 20.8 米。基岩岛，主要由花岗岩构成。西南宽东北窄，顶部较平坦，主要为基岩岸线，多湾澳，发育贝壳滩。土壤层较厚，植被茂盛，人工乔木和草坪栽植面积较大。岛上有常住人口，水电从觉华岛引入，陆岛交通有直立式码头。海岛旅游设施齐全，建有酒店会所、别墅区、环岛步行路和寺庙等设施，海岛绿化、亮化和景观工程初具规模，建有人工林和绿地，散养雉鸡。海岛岸线、沙滩由人工栈道连接，景观式小品散布其中，体现休闲和观赏功能。

小磨盘山岛 (Xiǎomòpánshān Dǎo)

北纬 40°32.2′、东经 120°49.4′。位于渤海葫芦岛兴城市觉华岛街道海域，距觉华岛最近点 2.03 千米。因岛顶平整似磨盘，面积比磨盘山小，故名。岛近南北走向，岸线长 218 米，面积 1 708 平方米，最高点高程 18.4 米。基岩岛，四周岩壁陡峭，崖下有沙滩发育，低潮时周边海域有裸露的岩礁和砂砾滩。土壤层较薄，生长草本植物。岛上有简易浮动码头，供游艇停靠和游人登岛观光，建有太阳能路灯照明设施，南部有浮动栈桥与磨盘山岛相连，两岛旅游功能联动。

石狮岛 (Shíshī Dǎo)

北纬 40°32.0′、东经 120°49.3′。位于渤海葫芦岛兴城市觉华岛街道海域，距觉华岛最近点 1.73 千米。因岛体似一头卧狮而得名。岛体呈不规则形状，岸线长 59 米，面积 169 平方米，最高点高程 15.4 米。基岩岛，东部较宽西部稍窄，低潮时周边海域有裸露的岩礁和砂砾滩，南侧与磨盘山岛连接。海岛岩缝中有少量土壤，生长草本植物。

双砬子礁 (Shuānglázi Jiāo)

北纬 40°30.9′、东经 120°49.6′。位于渤海葫芦岛兴城市觉华岛街道海域，距觉华岛最近点 350 米。因两块礁石东西并列、体形相似而得名。又名双石礁、双人礁。《辽宁省海域地名录》（1987）、《中国海域地名志》（1989）和《中国海域地名图集》（1991）记为双砬子礁，《兴城县志》（1990）记为双砬子。由两个礁体组成，呈东北—西南走向，岸线长 514 米，面积 7 052 平方米，最高点高程 7.9 米。基岩岛，主要由混合花岗岩构成。北部礁体南高北低，其间有砂砾滩分布，以基岩岛岸为主，低潮时周边海域有裸露的岩礁。土壤层较厚，植被覆盖率较高，主要生长草本植物。

石柱子 (Shízhùzi)

北纬 40°30.6′、东经 120°40.2′。位于渤海葫芦岛兴城市沙后所镇海域，距大陆最近点 30 米。因岛体如海中矗立的石柱而得名。岛近圆形，岸线长 10 米，面积 6 平方米，最高点高程 11.8 米。基岩岛，四周岩壁陡峭，低潮时周边海域有裸露的岩礁和砾石滩，西侧与大陆连接。海岛顶部有薄层土壤，生长草本植物。

黑石岛 (Hēishí Dǎo)

北纬 40°30.4′、东经 120°40.2′。位于渤海葫芦岛兴城市沙后所镇海域，距大陆最近点 50 米。因岛体岩礁呈黑色而得名。岛体呈西北—东南走向，岸线长 45 米，面积 124 平方米，最高点高程 11.2 米。基岩岛，岩石突兀，怪石嶙峋，低潮时周边海域有裸露的岩礁和砾石滩，西北侧与大陆连接。无土壤和植被。

观台石礁 (Guāntáishí Jiāo)

北纬 40°30.2′、东经 120°40.3′。位于渤海葫芦岛兴城市沙后所镇海域，距大陆最近点 440 米。礁石四面陡峭，顶稍向西南倾斜，形似棺材，原名棺材石礁，因名不雅以谐音改为现名。《辽宁省海域地名录》（1987）记为棺材石礁，《中国海域地名志》（1989）、《兴城县志》（1990）和《中国海域地名图集》（1991）记为观台石礁。岛体呈西北—东南走向，岸线长 59 米，面积 251 平方米，最高点高程 10.4 米。基岩岛，主要由片麻岩构成。四周岩壁陡峭，地势东北高、西南低，顶部较平坦，低潮时周边海域有裸露的岩礁和砂砾滩。顶部有土壤，生长草本植物。岛顶部以大理石为原料建有海神娘娘塑像，塑像面朝大陆站立，寓意保一方平安。

石硌礁 (Shílá Jiāo)

北纬 40°30.0′、东经 120°40.0′。位于渤海葫芦岛兴城市沙后所镇海域，距大陆最近点 130 米。因礁体由黑色片麻岩构成得名黑石硌礁，后简称现名。《辽宁省海域地名录》（1987）、《中国海域地名志》（1989）、《兴城县志》（1990）和《中国海域地名图集》（1991）均记为石硌礁。岛近南北走向，岸线长 52 米，面积 201 平方米，最高点高程 2.3 米。基岩岛，由片麻岩构成。地势东北部低、西南部高，低潮时周边海域有裸露的岩礁，岩礁间分布沙滩，西北侧与大陆连接。无土壤和植被。

母猪石礁 (Mǔzhūshí Jiāo)

北纬 40°30.0′、东经 120°41.7′。位于渤海葫芦岛兴城市曹庄镇海域，距大陆最近点 2.31 千米。因海岛礁体多似母猪带崽而得名，当地群众俗称母猪石。又名小猫岩。《辽宁省海域地名录》（1987）、《兴城县志》（1990）和《中国海域地名图集》（1991）记为母猪石礁，《全国海岛名称与代码》（2008）记为小猫岩。岛体呈南北走向，岸线长 224 米，面积 830 平方米，最高点高程 4.6 米。基岩岛，低潮时周边海域有裸露的岩礁连接多个礁体，无土壤和植被。

觉华岛 (Juéhuá Dǎo)

北纬 40°29.9′、东经 120°47.8′。位于渤海葫芦岛兴城市海域，距兴城市最近点 6.72 千米。战国时期称桃花岛，汉代时称桃花浦；辽金僧人觉华在岛上修建庙宇时称觉华岛，明《辽东志》记为觉华岛；清《盛京疆域志》记为淘河岛，清末因岛上野菊花丛生始称菊花岛，当地俗称大海山；《中国海域地名志》（1989）、《中国海域地名图集》（1991）和《全国海岛名称与代码》（2008）均记为菊花岛。2009 年当地政府为彰显佛教海岛特色，改菊花岛为觉华岛。岛体呈东北—西南走向，岸线长 24.51 千米，面积 11.256 平方千米，最高点高程 198.2 米。基岩岛，主要由花岗岩构成。地势南部高峻北部低平，主峰大架山，东北部宽大，西南部窄小，形似葫芦；东南岸海蚀地貌发育，多湾澳，有沙滩，北岸和西岸多砂质和淤泥质岸线。表层为风化层，土层较厚，土质肥沃，植被茂盛。

该岛为乡镇级有居民海岛，有 9 个自然屯。2011 年户籍人口 3 037 人，常住人口 2 900 人。水电主要从大陆引入。陆岛交通有客货码头，岛内交通有环岛公路。岛上建有中国移动、中国联通光缆、有线电视、卫星电视、宽带服务、商店等基础设施。有辽代大龙宫寺、明代大悲阁、海云寺、石佛寺、八角井、唐王洞、圣水盆、囤粮城、点将台、渤海观音等名胜古迹，有九顶石、石林、菩提树、花岗浪雕、黛石海琢、过海石舫等自然景观。海岛经济原以渔业和农业为主，2010 年 3 月设立觉华岛旅游经济度假区后，海岛发展定位为生态型、旅游型的北方佛岛。

石山 (Shí Shān)

北纬 40°29.8′、东经 120°46.8′。位于渤海葫芦岛兴城市觉华岛街道海域，距觉华岛最近点 60 米。由多块礁石岛体构成，该岛为其中最大的一块，故名。岛体呈东北—西南走向，岸线长 129 米，面积 181 平方米，最高点高程 12.6 米。基岩岛，四周岩壁陡峭，顶部较平坦，低潮时周边海域有裸露的岩礁和砂砾滩，西南侧与觉华岛连接。土壤层稀薄，植被覆盖率较低，岩缝中生长少量草本植物。

杨家山岛 (Yángjiāshān Dǎo)

北纬 40°28.2′、东经 120°45.6′。位于渤海葫芦岛兴城市觉华岛街道海域，距觉华岛最近点 990 米。清朝末年住有杨姓居民而得名，因小于张家山岛又名小张山岛。明《辽东志》和《全辽志》记为杨家岛；《辽宁省海域地名录》（1987）、《辽宁省地名录》（1988）、《中国海域地名志》（1989）、《中国海域地名图集》

（1991）记为杨家山岛；《全国海岛名称与代码》（2008）记为杨家山。岛似鱼形，东西走向，岸线长 2.05 千米，面积 0.145 1 平方千米，最高点高程 44.4 米。基岩岛，主要由混合花岗岩构成。地势中部突起四周平缓，岛岸以基岩为主，局部陡峭，多湾澳，发育有沙滩，低潮时周边海域岩礁裸露。土壤层较厚，植被茂密，主要生长灌木及草本植物，乔木较少。有临时搭建的活动板房，住有海水养殖临时看护人员，水靠岛上淡水资源供给，电靠风电提供。

张家山岛 (Zhāngjiāshān Dǎo)

北纬 40°26.6′、东经 120°45.9′。位于渤海葫芦岛兴城市觉华岛街道海域，距觉华岛最近点 3.16 千米。因清朝末年住有张姓居民而得名。曾名大张家山岛、山子。《辽宁省海域地名录》（1987）、《辽宁省地名录》（1988）、《中国海域地名志》（1989）和《中国海域地名图集》（1991）记为张家山岛。《兴城县志》（1990）记"以早年有张姓在此居住，故名张家山，俗名张山子"。《全国海岛名称与代码》（2008）记为张家山。岛体呈葫芦形，南北走向，岸线长 2.28 千米，面积 0.208 6 平方千米，最高点高程 53.5 米。基岩岛，主要由花岗岩构成。中部隆起四周坡缓，基岩海岸为主，发育有湾澳和沙滩。土壤层较厚，主要生长灌木及草本植物，乔木较少。岛上建有以海岛休闲旅游为开发目的的房屋，大多呈半截子工程，部分临时搭建的活动板房，住有海水养殖临时看护人员。岛顶平坦处建有内环和外环型土路，水靠岛上淡水资源提供，电靠风电供给。已建陆岛交通码头。

靶场礁 (Bǎchǎng Jiāo)

北纬 40°24.7′、东经 120°37.4′。位于渤海葫芦岛兴城市海滨乡海域，距大陆最近点 3.32 千米。因海岛形似母猪原名母猪礁，1986 年军方在岛上设置靶场得现名。《辽宁省海域地名录》（1987）、《中国海域地名志》（1989）、《兴城县志》（1990）和《中国海域地名图集》（1991）均记为靶场礁。岛近南北走向，岸线长 186 米，面积 1 493 平方米，最高点高程 2 米。基岩岛，由花岗岩构成，由北向南呈集聚性分布，低潮时周边海域有裸露的岩礁连接众礁体。无土壤和植被。岛体一端高点处建有临时设施。

长石砬子礁 (Chángshílázi Jiāo)

北纬 40°24.3′、东经 120°36.9′。位于渤海葫芦岛兴城市海滨乡海域，距大陆最近点 3.04 千米。因岛体由南北相连两大石砬组成，呈长条形而得名。《辽宁省海域地名录》（1987）、《中国海域地名志》（1989）和《兴城县志》（1990）均记为长石砬子礁。海岛原由两个岛体组成，第二次全国海域地名普查时南部大岛定名为长石砬子礁，北部小岛命名为小长石砬子岛。岛体呈南北走向，岸线长 110 米，面积 590 平方米，最高点高程 15.5 米。基岩岛，主要由花岗岩构成。四周岩壁陡峭，顶部平坦，南部较宽、北部较窄，低潮时有裸露的岩礁和砾石滩北侧与小长石砬子岛连接，南侧与小海山岛连接。海岛顶部发育薄层土壤，长有草本植物。

小长石砬子岛 (Xiǎochángshílázi Dǎo)

北纬 40°24.4′、东经 120°36.9′。位于渤海葫芦岛兴城市海滨乡海域，距大陆最近点 3.06 千米。原与长石砬子礁统称为长石砬子礁，第二次全国海域地名普查时，因位于长石砬子礁旁，且面积较小，命今名。岛体呈南北走向，岸线长 105 米，面积 382 平方米，最高点高程 15.2 米。基岩岛，主要由花岗岩构成。四周岩壁陡峭，顶部平坦，低潮时有裸露的岩礁和砾石滩与长石砬子礁连接。顶部有薄层土壤，植被覆盖率低，生长少量草本植物。

小海山岛 (Xiǎohǎishān Dǎo)

北纬 40°23.9′、东经 120°36.8′。位于渤海葫芦岛兴城市海滨乡海域，距大陆最近点 2.17 千米。与大海山岛（觉华岛）相对，故名。《辽宁省海域地名录》（1987）、《辽宁省地名录》（1988）、《中国海域地名图集》（1991）和《全国海岛名称与代码》（2008）均记为小海山岛。《中国海域地名志》（1989）记"小海山岛，原名主峰岛，依明建主峰观得名，后因对应大海山岛（菊花岛）改今名"。《兴城县志》（1990）记"原名圭峰岛，以明代万历年间曾在岛上建有圭峰寺得名。后来当地渔民以该海岛小于大海山（菊花岛），而称作小海山"。岛体呈南北走向，岸线长 400 米，面积 0.464 3 平方千米，最高点高程 46.8 米。基岩岛，主要由花岗岩构成。地势北高南低，较平坦，海蚀地貌发育较好，多湾澳，东部有沙滩，低潮时有裸露的岩礁和砂砾滩西侧与大陆连接，北侧与长石碴子礁连接。土壤层较厚，主要生长草本植物。岛西侧岸边建有砖砌看海小屋，住有海水养殖临时看护等人员。陆岛交通有简易码头，水靠岛上淡水资源供给，电靠太阳能和小型风能提供，岛顶有大地控制点标志。周边海域为底播增养殖区。

小海山西岛 (Xiǎohǎishān Xīdǎo)

北纬 40°23.8′、东经 120°36.6′。位于渤海葫芦岛兴城市海滨乡海域，距大陆最近点 2.36 千米。因位于小海山岛西侧而得名。岛体呈东北—西南走向，岸线长 116 米，面积 870 平方米，最高点高程 16.6 米。基岩岛，主要由花岗岩构成。东北宽西南窄，基岩岸线，低潮时周边海域有裸露岩礁和砂砾滩与小海山岛连接。海岛顶部有少量土壤，生长草本植物。

元鱼礁 (Yuányú Jiāo)

北纬 40°23.8′、东经 120°37.1′。位于渤海葫芦岛兴城市海滨乡海域，距大陆最近点 2.87 千米。岛形似龟状，故名王八石礁，因名不雅，更为今名。《辽宁省海域地名录》（1987）记为王八石，《中国海域地名志》（1989）和《中国海域地名图集》（1991）记为元鱼礁，《兴城县志》（1990）记为龟石礁。岛由 3 个礁体组成，呈东北—西南走向，岸线长 97 米，面积 505 平方米，最高点高程 6 米。基岩岛，由花岗岩构成。岩石表面光滑，低潮时由裸露的岩礁连接 3 个礁体，并与小海山岛相连。无土壤和植被。

贝贝山礁 (Bèibèishān Jiāo)

北纬 40°23.5′、东经 120°36.8′。位于渤海葫芦岛兴城市海滨乡海域，距大陆最近点 2.18 千米。该岛礁石上多长贝类（牡蛎），故名。《辽宁省海域地名录》（1987）、《中国海域地名志》（1989）、《兴城县志》（1990）和《中国海域地名图集》（1991）均记为贝贝山礁。岛体呈西北—东南走向，岸线长 195 米，面积 1 066 平方米，最高点高程 5 米。基岩岛，由花岗岩构成。地势较低，岩石崎岖不平，犬牙交错，低潮时周边海域有裸露的岩礁和砾石滩，北侧与小海山岛连接。无土壤和植被。

白砬子礁 （Báilázi Jiāo）

北纬 40°23.4′、东经 120°36.6′。位于渤海葫芦岛兴城市海滨乡海域，距大陆最近点 1.88 千米。因礁体呈白色而得名。岛体呈三角形，岸线长 301 米，面积 3 405 平方米，最高点高程 6.3 米。基岩岛，由多个礁体集聚而成，表面较光滑，低潮时周边海域有裸露的岩礁连接众多礁体。无土壤和植被。

附录一

《中国海域海岛地名志·辽宁卷》未入志海域名录 ①

一、海湾

标准名称	汉语拼音	行政区	地理位置	
			北纬	东经
老虎滩湾	Lǎohǔtān Wān	辽宁省大连市中山区	38°52.1′	121°40.8′
黄龙尾嘴湾	Huánglóngwěizuǐ Wān	辽宁省大连市甘井子区	39°02.8′	121°21.5′
黄泥湾	Huángní Wān	辽宁省大连市旅顺口区	38°57.2′	121°09.6′
艾子口湾	àizikǒu Wān	辽宁省大连市旅顺口区	38°56.3′	121°06.9′
龙王塘湾	Lóngwángtáng Wān	辽宁省大连市旅顺口区	38°49.2′	121°23.9′
东港	Dōng Gǎng	辽宁省大连市旅顺口区	38°48.1′	121°15.6′
羊头湾	Yángtóu Wān	辽宁省大连市旅顺口区	38°47.4′	121°08.0′
柏岚子湾	Bǎilánzi Wān	辽宁省大连市旅顺口区	38°45.3′	121°13.2′
大孤山湾	Dàgūshān Wān	辽宁省大连市金州区	38°58.0′	121°49.5′
菜园子湾	Càiyuánzi Wān	辽宁省大连市长海县	39°18.1′	122°31.4′
棠梨沟湾	Tánglígōu Wān	辽宁省大连市长海县	39°17.7′	122°32.8′
四块石湾	Sìkuàishí Wān	辽宁省大连市长海县	39°16.1′	122°35.2′
西大湾	Xī Dàwān	辽宁省大连市长海县	39°13.4′	122°41.3′
前安屯湾	Qián'āntún Wān	辽宁省大连市长海县	39°13.4′	122°46.3′
大核沟湾	Dàhégōu Wān	辽宁省大连市长海县	39°13.3′	122°43.5′
金场套	Jīnchǎng Tào	辽宁省大连市长海县	39°12.5′	122°35.6′
庙东湾	Miàodōng Wān	辽宁省大连市长海县	39°11.8′	122°23.3′
柳条沟湾	Liǔtiáogōu Wān	辽宁省大连市长海县	39°10.2′	122°22.0′
北套湾	Běitào Wān	辽宁省大连市长海县	39°05.4′	123°09.7′
褡裢湾	Dālian Wān	辽宁省大连市长海县	39°04.5′	122°47.6′
后洋屯湾	Hòuyángtún Wān	辽宁省大连市长海县	39°03.9′	122°52.0′

① 根据2018年6月8日民政部、国家海洋局发布的《中国部分海域海岛标准名称》整理。

标准名称	汉语拼音	行政区	地理位置	
			北纬	东经
后洋湾	Hòuyáng Wān	辽宁省大连市长海县	39°03.2′	122°49.2′
沙包子湾	Shābāozi Wān	辽宁省大连市长海县	39°02.2′	122°43.7′
西獐子湾	Xīzhāngzi Wān	辽宁省大连市长海县	39°01.7′	122°42.6′
东獐子湾	Dōngzhāngzi Wān	辽宁省大连市长海县	39°01.4′	122°45.0′
伏牛湾	Fúniú Wān	辽宁省大连市长海县	39°01.2′	122°43.2′
沙山湾	Shāshān Wān	辽宁省大连市瓦房店市	39°24.4′	121°15.2′
端头湾	Duāntou Wān	辽宁省大连市庄河市	39°32.1′	122°59.2′
神佛沟湾	Shénfógōu Wān	辽宁省大连市庄河市	39°30.8′	123°00.8′
大蛤蟆沟湾	Dàhámágōu Wān	辽宁省大连市庄河市	39°29.8′	122°59.1′
老船坞湾	Lǎochuánwù Wān	辽宁省大连市庄河市	39°29.7′	123°03.6′
苏家屯湾	Sūjiātún Wān	辽宁省大连市庄河市	39°26.2′	123°05.2′
前庙湾	Qiánmiào Wān	辽宁省大连市庄河市	39°25.9′	123°04.1′
海洋红港湾	Hǎiyánghóng Gǎngwān	辽宁省丹东市东港市	39°46.3′	123°33.6′

二、水道

标准名称	汉语拼音	行政区	地理位置	
			北纬	东经
老西水道	Lǎo Xīshuǐdào	辽宁省丹东市东港市	39°45.7′	124°04.3′

三、滩

标准名称	汉语拼音	行政区	地理位置	
			北纬	东经
盖州滩	Gàizhōu Tān	辽宁省营口市	40°28.7′	122°16.6′
望海寨滩	Wànghǎizhài Tān	辽宁省营口市	40°20.5′	122°09.5′
营口滩	Yíngkǒu Tān	辽宁省营口市老边区	40°34.5′	122°11.2′

四、岬角

标准名称	汉语拼音	行政区	地理位置	
			北纬	东经
衙门嘴	Yámén Zuǐ	辽宁省大连市中山区	38°51.9′	121°49.6′

标准名称	汉语拼音	行政区	地理位置	
			北纬	东经
西角子	Xī Jiǎozi	辽宁省大连市中山区	38°51.8′	121°40.3′
黄龙尾嘴	Huánglóngwěi Zuǐ	辽宁省大连市甘井子区	39°03.5′	121°22.5′
琵琶头子岬	Pípátóuzi Jiǎ	辽宁省大连市甘井子区	39°02.2′	121°20.4′
猴儿石嘴	Hóurshí Zuǐ	辽宁省大连市甘井子区	39°00.9′	121°19.0′
黄娘子角	Huángniángzǐ Jiǎo	辽宁省大连市甘井子区	39°00.4′	121°42.5′
松树嘴	Sōngshù Zuǐ	辽宁省大连市旅顺口区	38°48.9′	121°23.4′
三羊头	Sānyáng Tóu	辽宁省大连市旅顺口区	38°48.2′	121°08.0′
夹帮嘴	Jiábāng Zuǐ	辽宁省大连市旅顺口区	38°46.7′	121°06.5′
老铁山东角	Lǎotiěshān Dōngjiǎo	辽宁省大连市旅顺口区	38°43.4′	121°11.9′
桃园岬	Táoyuán Jiǎ	辽宁省大连市金州区	39°15.7′	122°12.3′
山西头	Shānxī Tóu	辽宁省大连市金州区	38°57.5′	121°49.7′
前堆圈	Qiánduīquān	辽宁省大连市长海县	39°15.4′	123°00.7′
到了头	Dàole Tóu	辽宁省大连市长海县	39°15.3′	122°59.0′
罗圈角	Luóquān Jiǎo	辽宁省大连市长海县	39°13.6′	122°48.3′
沙尖子嘴	Shājiānzi Zuǐ	辽宁省大连市长海县	39°10.9′	122°18.8′
大鱼皮沟嘴	Dàyúpígōu Zuǐ	辽宁省大连市长海县	39°09.8′	122°23.8′
大嘴子	Dà Zuǐzi	辽宁省大连市长海县	39°03.5′	122°49.3′
偏鱼头	Piānyú Tóu	辽宁省大连市长海县	39°02.2′	123°08.7′
大西山崖	Dàxīshānyá	辽宁省大连市瓦房店市	39°56.7′	121°47.1′
打狗嘴子	Dǎgǒu Zuǐzi	辽宁省大连市瓦房店市	39°51.7′	121°32.2′
西嘴子	Xī Zuǐzi	辽宁省大连市瓦房店市	39°39.3′	121°31.8′
高脑子角	Gāonǎozi Jiǎo	辽宁省大连市瓦房店市	39°36.0′	121°18.0′
拉脖子	Lābózi	辽宁省大连市瓦房店市	39°25.2′	121°14.8′
长哨	Chángshào	辽宁省大连市瓦房店市	39°23.5′	121°15.1′
南尖嘴	Nánjiān Zuǐ	辽宁省大连市庄河市	39°43.9′	123°24.7′
莺窝角	Yīngwō Jiǎo	辽宁省大连市庄河市	39°34.4′	122°46.8′
南隈子角	Nánwēizi Jiǎo	辽宁省丹东市东港市	39°45.8′	123°33.3′
东娘顶角	Dōngniángdǐng Jiǎo	辽宁省葫芦岛市兴城市	40°17.4′	120°29.2′

五、河口

标准名称	汉语拼音	行政区	地理位置	
			北纬	东经
浮渡河口	Fúdùhé Kǒu	辽宁省	40°06.8′	121°57.2′
陵水河口	Língshuǐhé Kǒu	辽宁省大连市	38°51.9′	121°32.3′
龙河河口	Lónghé Hékǒu	辽宁省大连市旅顺口区	38°48.3′	121°14.6′
永宁河口	Yǒngnínghé Kǒu	辽宁省大连市瓦房店市	39°56.2′	121°47.6′
红岩河口	Hóngyánhé Kǒu	辽宁省大连市瓦房店市	39°45.7′	121°29.9′
复州河口	Fùzhōuhé Kǒu	辽宁省大连市瓦房店市	39°36.1′	121°33.4′
望海寨河口	Wànghǎizhàihé Kǒu	辽宁省营口市鲅鱼圈区	40°20.3′	122°09.8′
二河口	èrhé Kǒu	辽宁省葫芦岛市绥中县	40°13.4′	120°28.3′
九江河口	Jiǔjiānghé Kǒu	辽宁省葫芦岛市绥中县	40°02.5′	119°55.0′

附录二

《中国海域海岛地名志·辽宁卷》索引